山びとの記　木の国　果無山脈　目次

序　章　古窯の跡を訪ねて　11
第一章　炭焼きと植林　27
山を住居として　28
小屋と窯を築く　38
備長炭と家族労働　44
焼き子の制度　52
娯楽・家族・教育　56
炭焼きと植林　62
第二章　青春の西ヶ谷　71
青年作業班の結成　72
西ヶ谷入山　77
人工造林について　80
労働と休日　85
夜の山小屋で　90
近代的労働者への試み　94

ヤマケイ文庫

山びとの記

木の国　果無山脈

Ue Toshikatsu　宇江敏勝

Yamakei Library

動物交友録　101
ある林業技術指導員の肖像　111
山を去る若者たち　116

第三章　果無山脈の主　123
近野振興会のこと　124
山林買収とその前後　130
ナメラ谷の造林　135
地拵え作業の一日　141
桑木谷・大石谷の造林　149
山小屋の構成員　152
ある夫婦連れ　156
山に棲む日々　160
街の生活について　164
果無山の売却　170

第四章　十津川峡春秋　175
失業と雑業　176
風屋ダムのほとりで　179
キリクチ谷の山小屋　184
冬、そして春　188
先人たちの道　195
現代人往来　201
ひと、われを人夫と呼ぶ　206
野生動物と食害　211
ダムに沈む木　218
機械使用と振動病　223
キリクチ谷を去る　231

第五章　食物記　235
食物の楽しみ　236
運搬　239
食事の形態と内容　242

炭焼小屋　ヒヨウ小屋　自炊のキリ小屋　土木工事の飯場　造林小屋
自然の味覚　266
子供の楽しみ　谷川の魚　山菜　茸　獣肉　ハチノコとハチミツ
山祀りの宴　283
終章　果無山脈ふたたび　291
増補　新しい世紀の森へ　305
紀州備長炭の今昔　306
窯の残骸　その後の備長炭　新しい担い手　窯出しと老母
去る人、来る人　321
青年作業班のそれから　町から来る若者たち
わが植えた山々　331
西ッ谷　果無山　キリクチ谷
初版あとがき　354
増補新版へのあとがき　358
解説に代えて――『山びとの記』四〇年　宮一穂　362

装丁　朝倉久美子
挿絵　浜田龍夫
本文写真　著者
DTP・地図　千秋社

＊本書は、一九八〇年中央公論社刊の『山びとの記　木の国　果無山脈』の増補新版である新宿書房版（二〇〇六年刊）を底本としています。
＊本著作の時代背景と文学的価値を鑑み、自治体名などは発表時のまま、送り仮名などの表記も手を加えずに掲載しています。

山びとの記

木の国　果無山脈

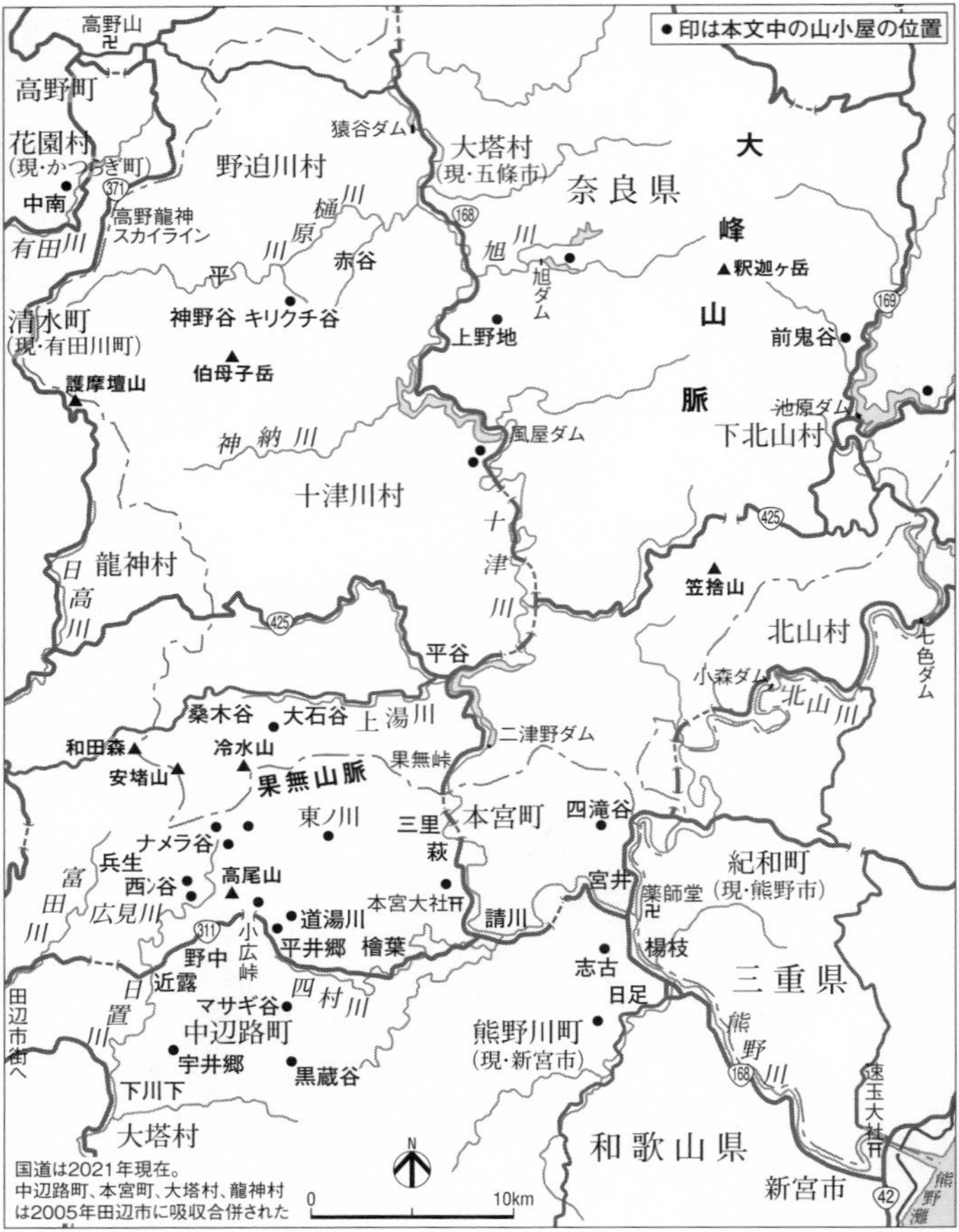

●印は本文中の山小屋の位置
高野山
高野町
花園村
(現・かつらぎ町)
中南
有田川
清水町
(現・有田川町)
護摩壇山
野迫川村
高野龍神
スカイライン
平
川
原
樋
川
赤谷
神野谷
キリクチ谷
伯母子岳
猿谷ダム
大塔村
(現・五條市)
奈良県
大
峰
山
脈
釈迦ヶ岳
旭
川
旭ダム
上野地
前鬼谷
池原ダム
下北山村
風屋ダム
神納川
十津川村
十
津
川
龍神村
日
高
川
笠捨山
北山村
七色ダム
平谷
小森ダム
北山川
桑木谷
大石谷
上湯川
和田森
冷水山
二津野ダム
安堵山
果無峠
果無山脈
東ノ川
三里
本宮町
四滝谷
萩
ナメラ谷
兵生
富
田
川
西ノ谷
高尾山
広見川
本宮大社
請川
宮井
薬師堂
紀和町
(現・熊野市)
道湯川
小
広
峠
平井郷
檜葉
楊枝
野中
近露
志古
三重県
日
置
川
四
村
川
日足
マサギ谷
田辺市街へ
中辺路町
熊野川町
(現・新宮市)
熊
野
川
宇井郷
黒蔵谷
下川下
速玉大社
大塔村
和歌山県
新宮市
熊野灘
国道は2021年現在。
中辺路町、本宮町、大塔村、龍神村
は2005年田辺市に吸収合併された
0
10km
N
371
168
169
425
311
42

序章　古窯の跡を訪ねて

昭和五十四年七月、よく晴れて朝の太陽の降りそそぐ下を、私は熊野《くまの》川の方面に向かって、車を走らせていた。かたわらには母親を乗せている。

紀伊半島南部を田辺《たなべ》市近郊から本宮《ほんぐう》町に通じているその道路は、近年国道に格上げされ三一一号線と呼ばれてはいるものの、山間地の峠を越え谷峡《たにあい》を蛇行して幅も狭い、昔ながらの田舎の道路にすぎない。あるところでは数十メートル眼下に渓流が渦巻き、またあるところでは車は青葉のアーケードの下をくぐり抜けてゆく。

母親と私は、これから熊野川町四滝《したき》の山を訪ねようとしていた。そこは北山《きたやま》川と十津《とつ》川が合流しているところ、地図で見ると、和歌山県領域が、三重県と奈良県のあいだへまるで離島のように飛地《とびち》した、その根元のあたりに位置している。いまからおよそ三十八年をさかのぼる昔、われわれの家族はその近くの山中で炭を焼いて暮らしていた。私が四、五歳までのころのことである。以来、私は四十一歳の今日にいたるまで、紀伊半島の山岳地帯の森林のなかでいろんな山の労働に従事し生活してきたが、幼かったころの記憶はその四滝谷に始まる。物心ついたとき、すでに私は人里から離れた山中の杉皮葺きの掘立小屋にいた。

険しい崖山に囲まれた谷川のほとり、樹の蔭に炭焼き家族の小さな一軒家があり、かたわらの炭窯《すみがま》からは淡い煙が空に立ち昇っていた。四十年近い歳月をへて、かつて幼い夢をむすんだ小屋は朽ち果ててもはやないだろうが、石と泥で築いた窯だけは、天変地異にでも見舞われぬかぎり、跡を留めているにちがいない。幼かった私の記憶の曖昧な部分は、かたわらの母親がおぎなってくれるはずである。

現在私が住居している和歌山県中辺路《なかへち》町から熊野川町までは約四〇キロ、車を走らせると一時間ばかりで行ける距離にある。日置《ひき》川を遡《さかのぼ》って小広《こびろ》峠を越すと、そこからは熊野川の一支流である四村《よむら》川となり、国道三一一号線は狭い谷川に沿って下ってゆく。周囲はいちめん杉と檜の植林地で、そのほとんどはここ二十年以内に植えられた幼齢樹林である。現在では自然林は植林不可能な崖地などにしか残されていないが、かつては一括して雑木《ぞうき》と呼ばれるところの、さまざまな種類の天然樹林におおわれていた。その雑木が木炭の原木として利用され、また薪《まき》として主要な燃料資源であった。

「ちょっと車を停めてよ」と、母親が言った。「この向かいの谷で、わしら炭を焼いとったんや。マサギ谷ちゅうてな、一〇窯（一〇軒）ほど入っとった」

「かあさんが幾つのときのことや？」

「十歳《とお》ごろまでおったかのう。このすぐ向かいに大きな屋敷があって、恵木さんていう世話焼き（炭焼きの元締）が住んどった。そこに同じ年の女の子がおって、ここで泊めてもろて一緒に檜葉《ひば》の小学校へ通うたんや。炭小屋からやと遠うて、よう通わなんださかいの」

四村川から南に向かって枝のように突き上げているマサギ谷、そこもいまでは杉と檜の植林がいちめん青々と繋っており、世話焼きの大きな家があったというあたりも、森林におおわれている。

「檜葉の小学校までいうたら、ここからでもかなり遠いやないか。そのころはいまのような道路もなかったやろうし」と私は言った。

「歩いて通うたんや。荷車の通う道があってな。かかりきり（専門）の荷車曳きが、五、六人もおったわ。夕方来て炭を積んでおいての、朝から曳いて一日がかりで請川《うけがわ》まで行ってくるんや。その人らについて学校へ通うたんや」

「学校へは何年生まで行ったんや？」

「三年生まで、行ったり休んだりしての」

「それからは？」

「マサギ谷の山を焼き終わって、こんどは道湯川《どうゆかわ》へ移ってからは、学校は遠いし、もうよう行かなんだ」

この谷ではたまたま理解のある世話焼きがおり、その娘の道連れという必要もあって、わずかのあいだ小学校へ行かせてもらったということであろう。母親はいまでも他人には判読もしづらいような、ひらがな文字しか書けないのである。

「マサギ谷へ入る以前は、どこで住んどったんや？」と私は訊く。

「さあ」と彼女は思案して、「どこでおったんかいの、その前のことはなんにも憶えてないよ」と言う。

私の母、好子《よしこ》は、戸籍簿によると、大正十二年十二月九日、和歌山県東牟婁郡《ひがしむろ》三里村《みさと》（現・本宮町三里）大字一本松に、今中常之烝《いまなかつねのじょう》・こはるの長女として出生、と記されている。兄二人があり、三番目の子供である。ところで長男の私は昭和十二年八月生まれだから、母親が十四歳のときの子供ということになり、彼女は私の父親と連れ添ってから三年近くは子供がなかったというから、さかのぼって数えると、母が父に出会ったのは十歳そこそこということになるわけである。これは常識的に考えていささか不自然な話となる。じつのところは実際の出生より三年ばかり遅れて届を出したらしい。好子は自分の生年は大正九年だと信じている。出生届を出したところが三里村大字一本松であり、その地で実際に生まれたかどうかは訝しいのである。

ところで私の場合も、昭和十二年に生まれていながら、昭和十五年三月十二日になってはじめて出生届がなされている。しかしこれについては生年月日はさかのぼって正確に届けられているので、戸籍と実際の年齢にちがいはない。だが私の母親の場合は、出生届を怠っていた年月が隠されているわけである。いまになって本人が実際の生年月日を主張しようにも、戸籍に記載されたそれは動かしようがなく、たとえば現行の国民年金を受給するにしても、彼女はその恩恵に到達するのには、同年齢の者より三年遅れを余儀なくされるわけである。

どうしてこのような手落ちがあったかということだが、当時の人びとは戸籍上の記載などというものをたいして重要視していなかったのであろう。山中で暮らしている者にとっては、役場などに出向くことすら面倒なことであり、役所の側にしても、渡り者の炭焼きの家庭の様子などに注意をはらう機会もなかったのである。あるいは出生届をするのは、育つものかどうか確かめてからでも遅くはない、という気持が親たちにあったのかも知れない。

好子の父親、今中常之烝はコビキ（木挽）職人であった。コビキというのは、木を挽き割って建材をつくる、いうなれば製材の仕事である。マエビキという幅の広い大鋸《おが》を背負って山に入り、自力でギーコギーコと挽く、体力と技術と根気のいる作業であった。しかし大正年間になると、動力による製材技術が発達して、旧態のコビキ職というものは斜陽に向かうことになる。そのころに常之烝もコビキから炭焼きに転じたものであろう。妻子を連れて、山中の仮住居を移住していくという生活のあり方は、炭焼きになっても変わることがなかった。マサギ谷に入る以前、彼らの一家がどこの山で暮らしていたか、好子の記憶に残っていない部分については、いまでは調べてみる手がかりもつかめない。それを知っている親たちはすでに亡く、好子の兄・重雄は戦死し、戦地から帰ってきた次兄・一夫は肺を病みながら炭を焼いていたが、長らえることはできなかったからである。

さて、マサギ谷から以後、好子の家族の生活はどのような経路をたどっていったであろうか。車を走らせながら、私はそれを聞く。以下、好子の生年を大正九年とし、満年齢で数えてゆくことにする。

昭和四年、マサギ谷の炭焼きを終えた好子の一家は、こんどは中辺路町道湯川の山中に移り住む。マサギ谷からは数キロの山道を越えて行ったところ、道湯川は現在では廃村になり森林に埋まってしまったが、かつて熊野信仰でにぎわった街道の要所で、当時はまだ一〇軒ほどの民家が残されていた。父母や兄たちは山小屋で炭を焼いていたが、九歳の好子は里に出て子守りなどした。食事を与えられ、たまには着物をもらった。

昭和七年、道湯川から峠を越えて、三里村に移住する。ここは好子が出生したとして届出のなされた土地である。およそ十年ぶりに戻ってきたのだが、定まった住居などあるわけではないから、また山中へ炭焼小屋を建てた。

昭和九年、こんどは熊野川を数十キロ遡り、奈良県十津川《とつかわ》村上野地《うえのじ》の山に入った。そこでは十数窯の炭焼きがおり、常之烝はそれらを監督する世話焼きとなった。好子は見廻りをする父親について、木炭にエフ(検査票)をつけるのを手伝ったりした。十四、五歳になっている。私の父親、宇江《うえ》源右衛門《げんえもん》(当時四十五歳)もその山で稼ぐ炭焼きの一人だった。そのはるかに年齢を隔てた男と、好子は夫婦のかたちになるわけである。源右衛門には別居している妻とのあいだに、五人の子供もいた。

ともかく夫婦となった二人は、常之烝たちと別れ、笠捨《かさすて》山を越えて下北山《しもきたやま》村に移り、前鬼谷《ぜんきだに》、池原谷《いけはらだに》などで炭を焼く。二年の後、そこから熊野灘の海岸に出て、三重県尾鷲《おわせ》市九鬼《くき》に移住する。海辺の山で炭を焼き、それを漁師たちに売った。

ふだんは山小屋で暮らしているが、ときどきは炭の取引や、生活必需品を購入するために、町へ出かけた。そういうときは旅館に宿泊した。また盆や正月などの休みどきには、山小屋にいるのもさえない話だから、馴染みの宿で幾日か滞留することもあった。昭和十二年八月、その旅館で好子ははじめての子供を出産する。敏勝《としかつ》、すなわち私である。父・源右衛門は四十八歳、母・好子は十八歳になっていた。

それから一年の後、私の父母は九鬼の仕事を終えて、また熊野川流域へ帰ってくるのである。夫婦は荷物をまとめ、赤ん坊を抱き、飼い馴れた犬も連れて、巡航船で熊野川河口の町、新宮《しんぐう》に着く。さらにそこからプロペラ船で川を遡り、熊野川町志古《しこ》の山に炭窯を築いた。好子が少女時代を過したマサギ谷は山を越えればすぐ近くだが、そこを離れてから、足かけ十年の歳月が経過している。そのあいだに彼女は、熊野から奥吉野にかけての山や谷峡を移住しながら、娘となり妻となり、三重県の海辺にも暮らし、子を抱いてまた熊野の山に帰ってきたのである。

さて、いま私の車は、熊野川沿いの国道一六八号線を下ってゆく。四十年昔、志古や四滝で炭を焼いていた時代には、このような道路はまだ通じていなくて、この地方の往来と輸送は、もっぱら豊かな川の流れに頼っていた。川舟は、米、塩、酒、衣類、雑貨などを積んで遡り、下りには、木炭、樽丸、シュロ皮、シイタケ等の産物を、新宮まで運ぶのだった。だがその後、電源開発によって、流域にいくつかのダムが築かれるとともに、道路網が発達し、昭和三十年代になって、筏《いかだ》も川舟もその役割を終えた。いまではダムに奪われて流れの量も少なく、広く閑散とした川原では、白い砂利がいかにも暑そうに太陽を照り返している。

志古には二年間いた、と母は言う。そこは志古炭鉱の近くで、山から下した木炭も、途中からはトロッコを借りて、舟の着く川岸まで運んだ。その山で次男・忠利《ただとし》が生まれた。だが私には志古における記憶はなにも残っていない。志古からまた川を遡って四滝に移り、そこから記憶された私の人生が始まるのである。

北山川と十津川の合流する熊野川町宮井《みやい》、そこはかつては渡し舟のあったところだが、現在ではもちろん立派な橋が架けられている。向かいの北山川に沿った小さな集落が四滝である。そのあたりまで来ると、川の速い流れや、川岸からそそり立っている崖にも見覚えがあり、空に舞っている鳶の姿さえも、四十年昔の光景そのもののように感じられる。

四滝谷は集落より少しはずれた上手から、北山川に合流している小さな谷川である。いまでは谷に沿って曲りくねった林道が通じていた。私の車はそのまだ敷設されてまもない林道に入ってゆく。谷の入口近くにはわずかに田圃《たんぼ》があり、稲の緑におおわれているが、そこを過ぎるとまもなく周囲の山々はいちめん杉と檜の植林地帯となった。谷奥へ入るほどに、両岸の山々は険しくなり、ところどころに崖も露出している。

「あそこや」と母親は手で示した。

谷口から一キロばかり入ったところ、四十年昔に住んでいたその場所なのである。私たちは車から下りた。あたりはほとんど崖といってよいほど勾配のきつい斜面で、雑木が繁っているが、谷川のほとりにわずかばかり平坦地がある。そこはウツギとアカメガシワの木が生え、いちめん草の繁みにおおわれていた。私は草をかきわけて入っていった。

小石を積み重ねた石垣が見つかった。三坪ばかりの広さで、これは住居跡だ。数メートル隔てて炭窯もあった。窯の天井は落ちてしまっているが、周囲の石垣はもとの状態で残っており、煙に煤けた色もそのままである。母も草叢《むら》に入ってきた。

「これは黒炭《くろずみ》を焼いたんやな」と私は話しかけた。木炭はおおまかにわけて黒炭と白炭《しろずみ》があり、製法がちがうのだが、窯のかたちによって見分けられるのである。

「そうや、松炭ばかり焼いたんや。新宮市の大川という鍛冶屋と契約して、そこへ売ったんやった」と母は言った。

「ほう、大川の炭を焼いてたんかいな」

意外な名前を聞くものだと思った。山の労働者は自分の好みでそれぞれ道具の銘柄を選ぶのだが、大川鍛冶の製品はなかなか人気があった。鉈《なた》や下刈鎌《したかりがま》に月と星のマークが入っていたので「ツキボシ」と称して、私もかなり使用したものだが、かつて自分の父母がその鍛冶炭を焼いたことがあるなどとは初耳だった。

「ここで行勝《ゆきかつ》が生まれたんや」

好子は小屋のあった跡を指さした。そこは谷辺の、なにもないただの草叢である。ホソバノキリンソウの黄色い花に、蝶が舞っている。

「忠利が死んで、じきに行勝が生まれたんやな」

「忠利の死んだのは春先やった。ヨモギを摘みに谷のしもへ連れてって、おまえと二人川原で遊ばせとったんや。ちょっと眼はなしたすきに谷へはまってな、熱を出してその晩のうちに死んでしもうた」

「蟹を食ったのが悪かったようにおれは憶えてるけど」

「父さんが大きなズガニ（モクズガニ）をとってみんなで食ったんやけど、あの子だけが衰弱しとったさか、中毒したのかもわからん」

忠利は四滝の里の共同墓地の片隅をもらって埋葬された。二歳だった。それからわれわれの家族はモクズガニを食わなくなった。四歳の私は弟の死を恨み、モクズガニを見つけると、石を投げて殺した。その年の暮れ、下の弟が生まれた。

「この山の上は広い松林やった。マツタケをぎょうさんとったもんや」。母は小手をかざして山の頂上の方角を眺めた。「あんな高いところで下草刈りをしとる。植林しとるんやな。そやけどこのまわりは昔といっこも変わってないわ」

まったく、林道が通っていることを除いては、私の記憶にある光景と少しも変わっていない。谷辺にあった小さな柴小屋や、炭窯のまわりで父母が働いていた様子さえありありと思い浮かぶのである。父母が木を伐りに出かけると、私もついて険しい山腹を這い登った。一人で小屋にいるときは、谷向こうの崖に沢山の猿の群れが騒ぐのを見ていた。あるいは林の奥で兎を追いかけたり、木の実を拾って食ったりした。

あれから四十年近い歳月が経過した。この四滝谷にいたのもわずか二年ばかり、それからまたべつの山へと移り住み、二十数年間、七十六歳で父親が亡くなるまで、時代につれて内容は変わるけれども、われわれ家族の山の遍歴の生活は続くのである。成人して私もまた炭焼きになった。あたかも時代は、エネルギー革命が進行し、石油、ガス、電力等にとって代わられて、木炭の需要は激減する。私は窯の火を消して造林事業の労働者に転じた。

仕事の内容は変わったけれども、山のなかで暮らすということにおいては同じである。やはりあちらこちらの山や谷に入って働きながら今日にいたった。その多くは里から隔たった山中で、一定期間小屋を掛けて暮らすのである。母親が少女時代に住んだ谷、あるいは父親が炭木《すみぎ》をとった山に、私がまた稼ぎのために住居するということにもなる。われわれにとっては山こそが本来の棲処《すみか》なのである。

小屋跡のかたわらには、薄紅色の燈明のような花をつけた合歓《ねむ》の木が、谷の流れの上に枝を差し出していた。樹齢数十年をへた大木である。私の記憶にはないが、幼かった日にも、幾度かこの梢を仰いだことだろう。真夏の陽を浴びてしずかに炎《も》えながら、花々はいま優しげに私を見つめている。幹には林道工事の際に使われたらしい、太い針金が巻きついていた。私はそれを解いてやった。

第一章　炭焼きと植林

山を住居として

いま私の手許に、一人で背負うことのできる大きさの、細長い木の箱がある。母方の祖父、常之丞が木を挽いて自分で造ったもので、塗りもしていない荒削りの白木の箱である。好子が所帯をもつことになったおりに、衣装入れに父親が山の木をとってこしらえたものだという。小さいけれども、手造りの長持なのである。常之丞は本職が板を挽くコビキだったから、素朴ではあるが仕上げはていねいだ。蓋の裏に「昭和九年十一月、今中常之丞」と墨字で小さく書きつけているのも祖父の筆跡だという。

娘はほとんど学校へも通わず、現在にいたるも読み書きに不自由だが、その父親は当時の人間として人並みに文字も書けたらしい。それはコビキとして山に入る前、幼年のころに手ほどきを受ける機会があったということであろう。彼は和歌山県清《し》水《みず》町下湯川《しもゆかわ》の出で、親の代までは富裕な農家だったとも聞いている。元来は山の人間ではなかったのである。

一方私の父、源右衛門は和歌山県大塔村《おおとう》下川下《しもがわしも》に生まれ、四、五歳のときに養子にやられたが、その養い親が炭焼きだったことから、手伝いに駆り出されて、当時の義務教育（小学校四年まで）もろくに受けていない。十四、五歳になると、自分の窯を持ち、独立して炭を焼いたという。つまりこちらは明治の中ごろ、すでに親の代からの炭焼きだったわけである。

祖父から父へ、そして私へと受け継がれてきた炭焼きは、いわば家業とでも言うべきかも知れない。しかも社会的地位あるいは経済的基盤、そして生活環境からして、まことに水準が低いというか、むしろアウトローの生業《なりわい》でしかなかった。家業あるいは職業というよりも、しがない稼ぎ、山稼ぎといったほうがふさわしい。登山家はそこに山があるから登る、ということだが、われわれは山に生まれたから、そこに山があったから、山で生きるより仕方がなかったのである。

山稼ぎにもさまざまな職種がある。高度な技術と大がかりな組織でもって、長期間におよぶ事業もある。たとえば古いものでは鉱石の採掘、新しくはダムの建設などがそれだ。ダムの建設事業は、山稼ぎと呼ぶにはあまりに近代科学的すぎてぴんとこないけれども、水という森林資源にかかわる仕事として、頭の片隅に留めておきたい。後には私も、十津川《とつかわ》村の山中で、ダムに水没する地帯の木を伐って除く作業に従事するのである。

鉱山業も多くは山中における仕事であった。現在ではほとんど廃鉱となってしまっているが、熊野から吉野にかけての山々にも、鉄鉱石や石炭を採掘した跡を見ることができる。山師たちは深山幽谷を彷徨し、有望な鉱脈を発見すると、人を入れて掘ったのである。

そして木に関連する仕事がある。これは水の利用や鉱物に比べてはるかに範囲が広く、また一般的なものといえよう。ダムは一度建設すると半永久的であり、鉱物の採掘も一回きりのものだが、森林は伐採してもまた新しい芽を出して再生し、あるいは植林によって、より利用価値の高い木材の生産もなされてきた。現代では森林は伐採するばかりでなく、植林し手入れもするという具合に作業が循環しているのがふつうである。

建築用材や紙の原材料として、われわれの生活に欠くことのできない木材の生産は、昔から現代にいたるまで、山に生きる者のもっとも一般的な生業とされてきた。伐採にかかわる作業、それを搬出する作業がある。伐採跡はそのまま放置しても森林は再生するけれども、自然に任せておくと長い年月がかかり、経済的効率も悪いので、建築用材として優秀な樹種——杉、檜、松、カラマツ——を植林するという作業も行なわれる。これらの木は植えておけば自然に山林になるというものではなく、下草刈り、蔓切り、そのほか長年にわたって手入れをしなければならないから、伐採よりも造林（植林と撫育《ぶいく》）のほうが作業量としては多いのである。

森林はまた薪や木炭など、われわれの生活に必要な燃料を生産するところでもあった。現在では里はおろか山小屋までもプロパンガスが浸透しているけれども、二十年ばかり前には、薪や木炭を暖房用あるいは炊事用の主要な燃料として使用していた。同時にそれを生産し、消費者に提供する炭焼きという生業が存在したのである。

木炭の利用は暖房・炊事用のみにとどまらず、工業用燃料として、金属加工などにも多く用いられた。その歴史は古く、奈良時代すでに、高級燃料として宮中や貴人のあいだなどで広く用いられていたといわれるが、奈良の大仏を鋳造した際のエネルギー源も、すべて木炭であった。大仏の仏体・蓮座の鋳造に使用された木炭の量は一万六六五六石にものぼった（岸本定吉『炭』）。今日の量に換算すれば約八〇〇トン、炭俵（一五キログラム入り）にして、五万三〇〇〇俵使用したことになるという。

木炭は明治以降は家庭用燃料として広く普及をとげるが、同時に重工業の発達につれて、需要にいっそう拍車がかかるのである。製鉄や鍛冶はもちろんのこと、汽船も自動車も、そして人気のあのＳＬも、木炭やその加工品を燃料として走っていた時代があった。大正六年になると、工業用に奪われて、家庭用木炭が極端に品不足になり、東京や大阪などの大消費地では「木炭飢饉」と騒がれるほど深刻な事態だったという（畠山剛『炭焼物語』）。石油ショックならぬ木炭ショックである。価格は暴騰し、製炭業が奨励されたことはいうまでもない。私の祖父、今中常之烝がコビキをやめて炭焼きに転向したのもこのころであったかと思われる。

昭和のはじめ、日本が深刻な経済恐慌に見舞われると、木炭の需要も減り、生産過剰となって価格も暴落する。そして昭和十二年、すなわち私の生まれた年、日華事変が始まるとともに、木炭もふたたび増産の時代に入るのである。戦争はエネルギーなしでは遂行できない。木炭の消費も軍需優先となり、都市の家庭はたちまち木炭ショックに見舞われ、昭和十四年には政府が統制にのりだして、生産・流通・販売ともに国家管理下におかれるのである。炭焼きには「薪炭報告手帳」を交付して生産量を点検し、それにもとづき補助金や、トクハイ（特別配給）と称し、米、地下足袋、塩、醤油などを現物で支給するなどして、増産を煽った。

戦後、昭和二十四年になって木炭の政府統制は解かれるが、二十年代の終わりごろまでは、まだ木炭の時代であった。三十年代に入ると、電気、石油、都市ガス、プロパンガスなどに押されて、木炭の需要は激減するのである。昭和三十二年までは全国で二〇〇万トン以上生産されていたものが、その後は毎年減少し、昭和四十八年には年間八万トンにすぎなくなったという（岸本定吉、前掲書）。

現代では一部工業用として使用されるほかは、茶の湯炭や、鰻の蒲焼、ビフテキなど高級料理の燃料として、辛うじて命運を保っているありさまである。

私が成人して、専業の炭焼きになろうとしたとき、あたかも木炭は斜陽化の道を歩んでいたわけである。昭和三十二年ごろ、若者で炭焼きをしている者などもうめったにいなかった。その後私は炭焼きに見切りをつけて、造林事業の労働者に転向してゆくのだが、私の父親は、昭和四十三年、七十六歳で病没するまで炭を焼きつづけた。彼の生涯は、明治の勃興から昭和三十年代の没落にいたるまでの木炭の時代にちょうどおさまっているわけである。

木炭がエネルギーの花形であった時代には、人びとはこぞって炭を焼いた。農業の片手間にやる者もおれば、私たちのように一家あげてそれに従事する者も少なくなかった。その仕事場は、里の家から通える範囲の近くの場合もあるが、おおむね遠くの深い山へ入らねばならない。そして里から離れると、山中に窯を築くとともに、そばに掘立小屋を建てて住むことのほうが、仕事には好都合であった。妻は大切な労働の相棒であり、したがって子供もともに山小屋に暮らすのは自然のなりゆきだった。

炭を焼いて、その周辺の木を伐り尽してしまうと、またべつの山に原木を求めて移らねばならない。それまで使った炭窯や小屋を捨て、わずかな身のまわり品や道具を持つとともに、子供を連れ、新たな山へ引越してゆくわけである。里にはもう居住する基盤もなくなり、私どもの家族のように、山から山へ移住する生活がくり返されることになる。

私や弟たちは、そうした旅の途上で生まれ、山中の掘立小屋で育った。母親を異にする兄や姉も同様な環境に幼い時代をおくっている。兄の一人は、「十津川村大字高滝番地不詳山林内ニ於テ出生」と戸籍に記されている。姉は、「宮崎県児湯《こゆ》郡西米良村大字横野番地不明ニ於テ出生」となっている。父・源右衛門は紀州ばかりでなく、遠く九州までも炭を焼きに行っているのである。

子供がある年齢に達すると、当然学校へも行かねばならない。たいていの場合、山小屋から里までの道程は遠い。それは炭を負い出し、里で買った米、味噌、醤油などを運んで通うところの、狭くて起伏の多い山道であった。通学に要する子供の肉体的負担や、親の気苦労も並大抵ではない。当然炭焼きの児童には、未就学や長期欠席をする者も少なくなかった。私の両親は、私が小学校にあがる年になって、現在の中辺路町野中《のなか》（旧・近野《ちかの》村）の村はずれで、小さな家を手に入れたが、主な動機は通学対策だったという。里の家に祖母と子供をおき、両親はときどきは帰ってこられる距離内で、やはり山中の小屋に暮らしていたのである。私はその山小屋から通学することもあった。一人で山道を歩いていると、鹿に出会ったり、猪に唸られて驚いたりした。

造林や木材の伐採・搬出の場合はどうかというと、里に近い作業場もあれば、日々の通勤が困難な山中にまで出かけねばならないこともある。あるいは遠く他府県に出稼ぎをする場合もある。人里から離れた場所では、炭焼き同様に小屋で暮らさねばならない。炭焼きの場合は家族作業だが、造林や伐採・搬出は、数人以上数十人におよぶ組織的な共同作業となる。それに見合って住居も大規模なものとなり、山小屋ともいうが、飯場とも呼ばれる。専業のカシキ（炊事係）がおかれることも多い。

植林や下草刈りの作業は、里近くでは女性も働くが、奥山の飯場暮らしとなると、例外はあるけれども、ふつうは男の職場である。キリ（伐採）やダシ（搬出）の場合も同様で、女はせいぜいカシキとして、一人または二人程度いるにすぎない。家族は里の家に住んでおり、男たちはなにか用事のあるときや休日などには帰ってゆく。あるいは、ふだん妻のほうは里で農作業をしており、田植えや稲刈りの忙しい季節にだけ、男が山から下りて手伝うというケースも多い。ひと昔前の炭焼きのように、家族連れで山に入っているのではないから、生活の基盤は里にあるわけである。それでもなお一生の大部分の日々を山中に埋めることになる。

炭焼き、造林、木材の伐採・搬出、ダムや林道などの土木工事、そのほか雑多な仕事があるけれども、山で稼ぐ者にとっては、それらに職業的区別があるわけではなかった。もちろん作業はそれぞれある程度は熟練を必要とした。炭焼きを得意とする者もおれば、木材の伐採に長じている者もいる。だがどんな仕事でもやりこなせるほうが有利であり、いわゆるカセギド（稼ぎ人）としてそれが当然と見なされていた。

木炭景気の時代には、人びとはこぞって炭を焼き、植林などは特別な地域で一部行なわれているにすぎなかった。木炭が凋落すると、つぎの時代にはその伐跡への植林が全国的に行なわれるようになる。山に稼ぐ者としては、そういう世の中の変遷にも順応して生きねばならない。

私の父親も専業の炭焼きとはいえ、仕事が切れたおりには、道路工事に傭われたり、植林の下草刈りをしたりして糊口を凌いでいる。私は炭焼きから出発して造林が本職のようになるのだが、あいだには木材の伐採もやれば、土木工事なども経験している。山をホームグラウンドとして住み、肉体的労苦さえ厭わなければ、なんとか生活は成り立ってゆくのである。木炭に昔日の景気が甦る時代がくれば、また炭焼きをしてもよいと思う。もっとも最近では植林が奥地まで進行しているために、われわれの地方では適当な炭山を見つけるのがむつかしいだろうが。

小屋と窯を築く

炭を焼くためには、まず炭山を手に入れなければならない。それは山林所有者から、原木をとる権利だけを、期限つきで買うわけである。その値段については、いろいろな条件を勘案して決められる。面積が一定だとすれば、そこに良質の原木を多量に期待できるのが、よい炭山である。つぎに山から里までの距離が問題になる。炭を搬出してくる手間（運賃）もおろそかにできないからである。さらに木を伐ったり、それを窯場まで運んできたりするうえで能率のよい地形であることが望ましい。

つまり里の近くで上等の原木のある山であればよいわけだが、条件がよければ値段が問題であり、どちらかといえば、不便を辛抱してでも奥地の安価な山のほうが、仕事にとりかかるのは容易だった。私が西ッ谷で焼いていた三十二年当時、原木代が炭の売値の二割を超すと、ひき合わないとされていた。

さて炭山が手に入ると、さっそく窯を置く場所を決めなければならない。まず一定の平坦地が必要である。斜面であっても勾配がなだらかであれば、土を掘り、掛け出しといって前方に床張りをし、炭窯とそれに付随する作業場をつくることができる。その広さは最低一〇坪（三三平方メートル）ほどあればよい。ところで窯の位置は平坦地であればどこでもいいというわけではない。まず山林内の木を集めてくるのに便利であること、窯を築くのに必要な石や粘土質の土を手に入れやすいこと、それに水場に近いことなどの条件が必要である。ときには険しい崖の蔭などに、やむをえず窯を置くことにもなる。

窯の位置が決まると、つぎは住居する小屋である。それも窯のすぐ近くにあるのがふつうだ。夜中に小便に起きたついでに、窯の火の具合も確かめられるというふうに、作業場と住居は密着していなければならない。山に入ってまず最初の作業は小屋を建てることである。林の木を伐って、柱や棟や床など骨組みを張り、木の皮を剝いで屋根を葺き、壁は葉っぱのついた木の枝を束ねて編みつけた。いわゆる柴小屋である。三日もすればできあがるのだが、その間は以前の小屋から近ければ通い、遠ければ野宿をした。

小屋の中の広さは、筵《むしろ》三畳から五畳敷きというのがふつうである。それに囲炉裏と土間がついていた。勾配のきつい山手の地肌は、そのまま壁の一面をなしていた。そのほうが冬は暖かく夏は涼しいのである。昆虫や蛇、トカゲの類、あるいは鼠やイタチなども往来自由というわけだ。壁の隙間から風も吹き通った。そこにときには親子数人が住んでいた。

炭窯を築くのは手間のかかる仕事である。まず周囲の木を伐って片づけ、根っこを起こさなければならない。つぎに地面を掘り、石を積んで窯の型をつくってゆく。もちろん機械類は一切ないから、ツルハシで岩を砕き、手箕《てみ》やモッコで土を運ぶのである。腹がへってくると、小屋の囲炉裏に茶粥《ちゃがゆ》鍋を仕掛けておき、それが煮えるあいだも働く。私が成人してからは、父親と二人でいることが多かった。母親は弟二人妹二人の面倒を見て里の家におり、あいまに手伝いにくる程度である。そうして主として二人がかりで、新しい窯の胴の部分、つまり外側から内側へと石垣を積みめぐらし、粘土をこねて内塗りをすませるまでに、およそ一カ月を要した。

木炭にはいくつかの種類があり、窯の構造や焼き方も異なる。大別して、白炭と黒炭があることは前にも触れた。四滝谷にいたときに新宮の鍛冶屋に売ったという松炭は黒炭だが、その後私どもが焼いたのは、ほとんど白炭で、紀州の特産物といわれる備長炭《びんちょうたん》であった。表面が白っぽく、きわめて硬くて、叩くとチーンと金属のような音がする。都会の鰻の蒲焼店で使用しているのが、この備長炭である。鍛冶には松炭のように柔かくて火力を瞬発的に出す炭が、また風雅を重んじる茶の湯炭には、菊炭というクヌギを材料にした黒炭が好んで使われる。備長炭は温度が一定して長保ちするので、料理のほか火鉢炭としても重宝され、いわば高級品と見なされてきた。製炭技術のうえでも黒炭より複雑だが、父・源右衛門などは少年のころにそれを習得したものであろう。備長窯は黒炭の窯に比べると、丈が高いこと、火穴《ひあな》(排煙口)が小さいこと、窯の容量が少ないこと、などが特色である。

備長窯の場合、私どもは一度に四十数俵(一俵は一五キログラム)をとることを標準としていた。窯の大きさは、奥行約一〇尺(一尺は約三〇・三センチ)、横幅九尺五寸、胴の高さ六尺五寸~七尺、焚き口(入れ口)の高さ四尺五寸、焚き口の幅九寸~一尺三寸、といったところで、全体としてはほぼ円型である。つまり焚き口を少しかがんで入ると、内部は相撲がとれる程度の高さと広さがあった。その胴ができあがると、こんどは木入れだ。木の丈は窯の胴の高さと同じで、それを奥の方から順番に立てて詰めてくるのである。一窯四十数俵分の原木の重量は、製品の五倍以上として、三トンは下らない。

工程の最後は天井置きである。窯詰めした木に太い胴木を横に入れてしっかりと固定し、その上にコマ切れにした木を天井のかたちに丸く盛り上げる。このことを「シゴを葺く」という。つぎにシゴの上にこねた粘土を平均に厚くのせる。それから焚き口に火を入れて、なかの木を燻しながら、幾日もかかって天井の土を叩き固めていくのである。やがてなかの木やシゴが焼けてしまったころ、乾き固まった天井ができあがる。丈夫な天井は、窯一代保つばかりか、小屋が朽ち果てた後にも、茂った草叢の中に残っていることがある。

天井置きと前後して、炭窯の上にも合掌葺きの屋根が張られる。それから一段下って、窯の焚き口と炭イケ（炭を消すところ）の上にも、出し屋根をつくる。そこは窯から炭を出したり、俵に詰めたりする作業場である。窯屋根や出し屋根には壁はいらない。

近ごろの炭焼きは、小屋をつくるのに釘や針金などを仕入れ、トタン板で屋根を葺いたりしているが、私の父親の時代には、そういうものはほとんど使わなかった。釘や針金の代わりに、蔓をとってきて、小屋の骨組みを縛った。蔓は煙でよく燻されるほどに強靭になり、重い屋根をも持ちこたえるのである。そのうえ時として窯の火が屋根に飛火したりすると、鉈でたやすく切って落とし、延焼を防ぐこともできた。

昭和三十年代になると、炭焼きのなかにもチェンソー（動力鋸）で木を伐る者があらわれ、発動機つき架線で炭を運び出しているのを見かけるようになった。あるいは里に炭窯を置き、山からトラックで原木を運んでくる者もあらわれた。それは便利な方法にはちがいないが、採算の面でははたしてどうだっただろうか。

元来炭焼きという仕事は、経費の入用をなるべく低く抑え、その分を長時間労働でおぎなうことによって成り立っていたのである。ヤマテ（山の値段）が安いというだけの理由で、ずいぶん不便な奥山でも辛抱することができた。私の父親などもまさしくその流儀であった。機械などというものは、いろんな意味で理解できなかったにちがいない。彼が持っている唯一の文明の利器はトランジスターラジオだった。それも晩年になってからのことである。

小屋には電気などもちろんなく、主な明りは石油ランプだった。あわせて松篝《かが》りを使っていた。日が暮れると、父と私はその明りの下で焼酎を飲みながら、ラジオを聞いていた。そしてときどき交替で、窯の焚き口へ木をくべに出るのだった。

備長炭と家族労働

山に入って小屋を建てることから始めて、窯を築き、焼いた炭を俵に詰めて売るまでには、およそ二カ月はかかるのである。その期間の一家の生活経費や、山を買い入れる資金など、炭焼きといえども手ぶらでは始められない。それに新しい窯は十分な温度を出すことができないことから、最初の炭は締まりようも足りず砕けたりして、商品価値の低いものしかできない。窯が温まり、窯のくせもわかり、いろいろ調整をして、満足に焼けるようになるのは、三バイ四ハイ炭を出して後のことである。

窯の調子が軌道に乗ると、こんどは人のほうがそれに追われて働かねばならなくなる。つまり炭が焼けるまでに、前に窯出しした炭を俵詰めしなければならず、あるいはつぎに入れる原木を支度せねばならないのである。

炭ができあがるまでの工程をおおまかに区別すると、およそ三つの作業で成り立っている。まず山で原木を伐って、窯場まで集材してくる作業、つぎはそれを窯に入れて焼き、炭を窯から取り出す作業、さらに炭を俵に詰めて里まで運搬する作業である。順序立てていえばそういうことになるのだが、これらの仕事は入り混り、あるいは同時に進行する。窯が煙を上げているかたわらで俵詰めをし、一方では木を伐りにゆく。父親、息子、母親、ときには小学生の年齢の子供までが手伝いをして、家族ぐるみの仕事となるゆえんである。

木こりと集材、これはどちらかといえば男の作業である。しかし私の母親は娘時代から木こりをしたといい、四滝谷にいたときには、親子三人が山に登り、幼い私を安全な場所に遊ばせて、夫婦で木を伐っていた記憶がある。成人してからは、それはもっぱら私の受持となった。

備長炭の原木としてはウバメガシがもっとも上等とされている。われわれの地方ではバベと呼ぶ。庭木として愛用されているが、用材などにはならない木である。瘦土《やせつち》で険しい崖のようなところでもよく育ち、木質は堅くて重い。バベに比べるとやや劣るけれども、樫も用いられる。バベや樫の少ない場合は、それ以外の木も伐るが、これは一緒の窯で焼いても備長炭とは表示できず、値段にも差がつく。バベや樫の群生林は、紀伊半島の南部や四国の海岸地帯など、温暖な地方に多い。備長炭が紀州の特産とされているのもそのためである。これらの木のない地域では、たとえ備長方式の窯をつくったとしても、備長炭の生産はできない。

木を伐る道具は斧《よき》と鉈と鋸である。斧や鋸で幹を倒し、鉈で蔓や枝を払う。それから窯の高さに合せて約七尺の丈に小切るのである。木の太さは直径二寸から三寸ほどのものが最適とされるが、それより太いものも細いものもある。適当な太さの木がよく伸びて密生しておれば、木こりの能率も上がる。ひと窯分約三トンを伐るのに要する日数は、およそ二日から四日程度である。

炭木を窯場まで集材することを、木寄せという。木こりは最初は窯の近くから伐りはじめて、しだいに山の高いところへと登ってゆく。木寄せのルートとなるところは、木の末《うれ》など邪魔になるものを除いて通りやすくし、伐った木を投げ下して運んでくる。また横道を運ばねばならない場合は、カタウマ（肩馬）に載せて肩でかついだり、キンマ（木馬）と呼ばれる橇《そり》で曳くこともある。さらに窯から遠くなったり、谷を隔てたようなところでは、鉄線の架線を張る。木を束ねて吊るし、高低を利用して走らせるのである。われわれの地方ではそれをヤエンと呼ぶ。十津川の二津野《ふたつの》ダムでは、水際に窯をつくり、小舟で木を運んでいる光景を見たこともある。

窯場に寄せられた木は、太いものは斧で割り、細いのは一〇本ほどを蔓で束ねる。太さに極端な差があると、太い木が焼けるまでに細いほうが灰になってしまうからである。これら木づくりは、窯の中の炭が焼けるまでに仕上げておかねばならない。炭を出した後、窯の内部がまだ熱いあいだに木を入れることが大切だからである。窯が冷めてしまうと火がつきにくくなる。とくに備長炭の場合は、窯の温度がよい炭をつくる決め手なのである。炭を出して数時間以内、窯の内部の熱気がヤケドをしない程度に下がると、木を抱いて入らねばならない。はじめのうちは水に濡らした布切れなどをかぶって入ってゆく。窯くべ（木入れ作業）はせいぜい三時間ほどですむのだが、あらゆる作業のうちでもっともきつく感じられるのは、その熱さのせいである。

木を詰めると、入口の上部を石と泥で蓋をし、下半分で火を焚く。それを口焚《くちた》きという。口焚きの木は、灰になる部分だから、炭木として価値の低いものを使う。そうして時間をかけて燻し、木の水分を抜くとともに、窯の温度を高めるのだ。口焚きはほとんど休みなく続けられる。夜中にも二、三時間おきに起きて、木をくべるのである。三、四日口焚きを続けると、いよいよなかの炭木に着火することになる。それを窯がつくといい、また窯をつけるともいう。着火させるにはタイミングが大事である。窯がつくと、火穴などわずかな通気孔を残し、他は石と泥で塗りこめてしまう。

炭焼きの工程でもっとも熟練を必要とし、重要なのは窯の操作だ。失敗すると炭の量が減るだけでなく、安価な屑炭ばかりを出す羽目になる。その窯の操作をするうえで目安にするのは煙である。着火のタイミング、炭化の状態、さらに燃え尽きたかどうか、それらすべてを煙の色、臭い、勢いを見て判断するのだ。その状況に応じて火加減を調整せねばならない。長い経験によってやしなわれた勘がものをいうわけである。当然一家の柱である男がこの仕事を受持つ。着火してから炭化が終わるまでには、やはり三、四日を要する。

火穴から出る煙が透明に近い青白色に変わると、いよいよ炭化が終わりに近づいた兆しである。すると塗りこめてあった焚き口に小さな穴をあけ、空気が内部へ入りやすくしてやる。それをネラシを入れるという。空気を入れることによって温度を高め、炭をひき締めるのだが、一度に行なうと、かえって炭は折れてくだけてしまう。最初は箸で突いたほどの穴をあけ、およそ一日がかりで徐々に焚き口の広さまで拡げるのだ。ネラシの穴から覗いてみると、はじめのうち窯の内部は真っ暗である。ネラシを続けているうちに、しだいに高温になり炎の渦へと変化してゆく。そしてなかの炭が金色に染まり、一本一本が透けて見える状態に達すると、それを焚き口からかき出し、スバイ（灰）をかぶせて消すのである。

備長炭など白炭の場合は、窯の外に出して消すのにひきかえ、黒炭のほうはネラシをせずに窯を塗りこめて密閉してしまう。五日ほど後に完全に消火した炭を取り出すのだ。白炭と黒炭の区別は、主としてこの消火方法によるのである。

白炭の窯出しはたまらないくらい熱い。柄振《えぶり》と呼ばれる長い鉄棒でかき出すのだが、やはりヤケドをしない限度まで火に近寄らねばならないのである。よく輝いている部分から順番に、一度に二、三俵分の量をかき出し、炭イケに入れて、用意しておいたスバイをかけて消す。炭をかき出す作業と消火とを、夫婦や親子が分担して行なう。ひと窯を出すのにおよそ数時間、炭の出来具合を案じながらの作業だ。

一日ばかりおいて、つぎに炭イケからスバイをまぶした炭を掘り出し、選別して俵に詰めるのは女の仕事である。ダツと呼ばれる俵は茅を材料としたもので、自分でも夜なべに編んだが、里から買うこともあった。備長炭の場合は、昭和三十年代になるとダンボール箱を用いるようになった。石油など他の燃料に対抗するための、商品としてのイメージチェンジである。箱にはJISマークとともに、「芯から焼けて外淡く、風味倍化の備長炭」と宣伝文句も印刷してあった。

製品の目方や品質については、国家統制が廃止された後も、県木炭協会において基準がもうけられていた。それに従って品質格差の選別を行ない、計量して、俵またはダンボールに詰めるのである。一俵の目方は一五キログラム、木種別による品目はつぎのように分類されていた（カッコ内の数字は、和歌山県下のある炭問屋における昭和三十一年四月の、生産者からの買取価格である）。馬目小丸《ばべこまる》（五七〇円）、備長小丸（四九〇円）、樫《かし》小丸（四五〇円）、楢《なら》小丸（三七〇円）、雑《ざつ》小丸（三〇〇円）。なお、小丸というのはその木種の最高級品で、ほかに細丸・中丸・半丸・割・荒・並といったふうに仕分けされる。一番安いのは雑並で、二六〇円となっている。

馬目を最高級品として、備長というのはバベと樫を材料として比較的品質よくできたもの、樫というのは同じ原木によりながら、硬度や光沢あるいは比重などの点で劣り、備長と見なされないもの、雑は出来具合にかかわりなく、バベ、樫、楢以外の木による炭である。値段でわかるとおり、備長窯で備長規格にはまらない炭を多く出していては、同じ手間をかけながら儲からないのだ。

規格基準があるとともに、検査というものがある。内容しだいでは備長を樫に降格されたり、ときには引き取らねばならないケースも生じる。生産者の信用が問われる場面でもある。

荷造りされた木炭は、トラックの入る地点で仲買業者に引き渡される。窯からそこまでの運搬は生産者の負担である。炭を焼くあいまに家族あげて運び、手が足りなければ一俵につきいくらという駄賃を払って、人を傭った。木炭が隆盛の時代には、炭持を専業にする者さえいたのである。あるいは里の女や子供にとって、小銭稼ぎの機会でもあった。小学六年生にもなれば、一俵は背負うことができた。私など骨格が太くて背丈が短いのは、少年時代に炭持をさせられたせいもあるかも知れない。

家族あげて働き、なおかつ仕事に追われると夜なべもした。窯の口焚きをするかたわら、ランプや松篝りの明りの下で、炭の選別や俵詰めをするのである。そのようにして備長炭の場合、一カ月に二回ないし三回の窯出しを行ない、一〇〇俵前後を生産した。

焼き子の制度

自己資金でもって焼いている者は、その炭をどこへ売ろうと自由である。生活にゆとりがあれば、需要の少ない夏場はストックしておき、秋から冬にかけての高値を待って売るのが有利である。しかしそういう自前の炭焼きは少数で、仲買業者や親方の制約下にあるのがむしろふつうであった。

山を買う資金や、炭を出すまでにかかる生活の経費を、個人業者や農協から借りるのである。借金は製品でもって返済するのを条件とし、他の業者と勝手に取引することは許されない。生活物資や食料の不自由な時代には、そういうものも業者が調達して山へ送った。いろいろ制約はあるけれども、この場合山林や窯など生産手段は自分の所有である。その生産手段すら持たない炭焼きも一方にはいた。それを焼き子という。

焼き子というのは、業者や一部投資力のある炭焼きのもとで、賃金で傭われて働く者のことである。山林も窯も小屋も一切が親方のものであり、一俵につき炭価格の三〇パーセントから四〇パーセントの歩合でもって焼いた。生活物資も口銭つきで親方から支給され、あとで焼き賃との清算がなされるのである。

焼き子になるのは、いわば生活の困窮者であった。今日家族に食わせるものを持たない者が、親方のもとに身をあずけるのである。苛酷な条件であっても従わざるをえない。そしてさっそく米、味噌、醤油から、ときには食器や夜具なども前借りしなければならなかった。一俵の炭も焼かない先に、借金から始めるわけである。そして借金を追いかけるかたちで働くのだが、低くぎりぎりに抑えられた焼き賃をもってしては、それは容易なことではなかった。

木炭景気のよかった時代には、ある程度の借金を、親方はむしろ喜んだという。借金が枷になって、焼き子がよそへ移ってゆかないからである。しかし赤字がかさむと、生活物資の仕送りさえ渋ることがあった。たとえば米一斗送れという注文に対して、五升しか与えなかったりしたのである。もとより金を持たない焼き子としては、粥を薄めるより方法はなかっただろう。そしてある者は無気力になって借金地獄の底に沈んでゆき、またある者はそこから抜け出そうとして、必死になって働いたのである。

私の父親も焼き子をしていた時代があると聞いている。しかし私が物心ついてからは、おおむね自分で炭山を買って焼いていた。仕入れた山に焼き子を使い、またべつの山を買って事業を拡大していた時期もあった。昭和二十一年から数年間にわたってのことである。

Qさんもその一人だった。五十歳くらいだったが家族はいなかった。色が白くて柔和な、なんとなく知的な雰囲気を感じさせる人だった。谷川のほとりの小屋に一人で住んでいて、そこで私も泊めてもらったことがある。冬だというのにろくな蒲団すらなく、Qさんは床下に炉をつくり屑炭を焚いていた。私のために麦粉をこねてうどんをつくってくれた。

もう一人のIさんは、戦争前に満蒙開拓義勇軍に加わって満州に渡っていた人で、向こうで一緒になった妻とのあいだに女の子が一人いた。いわゆる引揚者であった。

Qさんも Iさんも、私の父親の山で働いていた数年間、借金から解放されることはなかった。当時炭の取引先は地元の農協だったから、彼らは生活物資をそこから帳付けで調達していた。そしてときどき焼き賃との収支決算をするのである。帳尻がいつも赤字になるようにしくまれているのだから、彼らが儲けを手にする機会はほとんどなかったにちがいない。

とくにIさんは、健康がすぐれず、ときどき金を借りにきては医者に通っていた。十分な働きができないうえ出費がかさむものだから、親方との関係もしだいに悪くなってゆく。それに対して父はときどき不満をもらしていたようである。ある日Iさんは、なぜか顔いちめんに炭を塗りたくってやってきて、父と口論を始めた。それまでの温順だった態度とはうって変わって、はげしい権幕で言いつのっていた。それからまもなく彼は父のもとから去った。

前後してQさんも去った。昭和二十七年ごろのことである。世は戦後の民主主義や人権尊重の気運が高まって、焼き子制度のような苛酷な雇傭関係は、一般に通用しない時代になりつつあった。また国の経済の復興は、山間僻地へもなにがしかの恩恵をおよぼして、仕事も手に入れやすい状況になっていた。もはや焼き子の苦労を続ける必要もなかったのである。QさんとIさんは、私が知っている最後の焼き子であった。以後父はまた家族だけを相手にして焼くようになった。

娯楽・家族・教育

まだ赤ん坊だった弟を小屋に寝かせておき、私をおぶって、父母はよく夜釣りに出かけた。谷間の淵ではいつもたくさんの鰻がとれた。目ざす場所に着くと、まず私はおぶってきたたすきで腰をくくられ、危険なところへ動いてゆかないように、一方の端は近くの木につながれた。それから岩の上に松篝りを焚いて、父と母はそれぞれ竿をかざして釣りを始めるのだった。

谷底の静寂のなかで、暗闇のわずかな空間を照らして松篝りが燃え、父母が釣りに興じるさまを、五歳の私は腰をくくられた姿勢で眺めていた。鰻釣りは、父母にとって数少ない娯楽の一つであったかと思う。母はまた罠をかけて兎をとるのが上手だった。それは日ごろの単調な食膳をにぎわしてくれる御馳走でもあった。季節の山菜を摘むこと、あるいは茸《きのこ》の採取、そのほかにどんな楽しみがあっただろうか。文化的な娯楽は日常手の届くところにはなかった。

山小屋にはないものも、里に行けばあった。米や調味料など、主な食料品は里から買うのである。菓子や玩具も里の雑貨店にあった。山小屋に住む者の眼には、鄙びた山の里も、都会のような豊かさに映った。土地も空も広々として晴れやかである。人びとはみな掘立小屋でないちゃんとした家に住んでいて、そこに備えつけてあるものも立派だった。たまに山から里に出るのは、いわばそういう文明の社会を垣間見る機会となった。

里の小学校の運動会に連れていってもらったことがあった。小学校にあがる前の年、父母は山小屋の生活しか知らない息子を、少しでも里の雰囲気に馴れさせようと考えたものだろう。幼児ばかりの徒競走があり、私も連れ出された。大勢の子供たちに混ざって、夢中で走った。早く走れたかどうかは記憶にない。しかしずいぶん興奮すべき出来事だったことは確かである。なにしろ生まれてはじめて集団に参加し、そして自ら演技したのだから。ふだん人馴れがしていないうえに、周囲は馴染みのない顔ばかりだったから、緊張もひとしおだったにちがいない。

村の祭り見物は胸のはずむ出来事だった。楊枝《ようじ》（熊野川町）の薬師の祭礼で撮《うつ》した写真が一葉いまも手許にある。それを見ると、父も母も和服で盛装し、母の膝に抱かれた赤ん坊も、そばで玩具の刀を持って立っている私も、晴れ着を着せられている。家族あげて着飾って祭りへ繰り出したのだ。珍しい見世物や、さまざまな菓子や玩具を並べている露店に酔わされながら、私は飽きもせず人混みをうろついた。

祭りというのは、その地域に生活している者の共同体の行事である。村人でもなく信者ともいえない私どもは、招かれたわけでもないのに、そこにまぎれこんでいたのだった。仕事を休み晴れ着で着飾って、一家あげて出向くほどに、私どもを惹きつけたものはいったい何だったのだろうか。

人の集団からはぐれて生きていることの淋しさ、いわゆる疎外感というよりは、より本質的ななにかが、たえず私どもの胸の内にあったものと思う。里の祭りはその渇望をいっとき慰めてくれるものであった。その後にはまた山の暮らしが待っていた。山に帰ってからも、祭りのおもしろかった様子が、家族のあいだでくり返し話題になった。

近隣に人のいない山中では、主な人間関係は家族だった。家族は仕事仲間というだけでなく、隣人や友人にかわる唯一の対話相手でもある。楽しいにつけ苦しいにつけ、互いにそれを語り理解し合う相手は、家族をおいてほかにいない。まして病気にでもなれば、生命を委ねることにもなるのが家族であった。

妹が生まれたのも、山中の一軒家であった。夜中のことである。里に手助けを求める時間がなかったものか、あるいはその必要がなかったためか、父が産婆の役目を務めた。囲炉裏に大きな鍋をかけてまず湯を用意した。固定した石油ランプの明りだけでは不自由なので、私は燭台を持たされ、父の手許を照らすよう命じられた。父にはすでに経験があったものと思われる。その手順にためらいはなかった。小学生だった私は明りをさしのべながら、赤ん坊の生まれてくるさまと、とりあげて産湯で潔め、後始末をするまでの一部終始をつぶさに見ていた。

そのような私の父母を含めて、一般に炭焼きたちは、どんな望みに支えられて生きていたのだろうか。なかには自分の境遇を諦めて、その日暮らしの生活に甘んじている者も少なくなかった。だがよほどでないかぎり望みのない人生というものはありえない。焼き子をしている者は、いつかはそこから足を洗うことを願い、自営の炭焼きは、よい炭を少しでも多く焼くために、眠る時間も惜しんで働いた。

いま焼いている山が不本意な成績であっても、またつぎの新たな山に希望を託した。どこにどんな炭山があるか、あるいは手に入れるにはどうしたらよいか、そういった情報には敏感であった。情報をもたらしてくるのは、出入りしている業者や、あるいは知り合いの炭焼き仲間である。そして、一つの山を片づけ、つぎの山へ移るのは、仕事の一区切りであると同時に、新たな期待の始まりでもあった。小屋を建て窯を築いているとき、炭焼きはもっとも張りきっているのである。

よい炭を生産することは、炭焼きの誇りであり生甲斐である。同時に子供に対する愛情とその成長が日々の生活の希望であった。私もまた物質的貧しさはともかくとして、親の愛情には十分恵まれていたと思う。父母はまた、せめて子供には人並みの教育を受けさせねばならないと考えていた。仕事の手伝いはさせられたが、そのために学校を休めと言われたことはない。少しでもらくに通学できるようにと、山道を整備するのも親の仕事であった。帰りが遅くなると、心配して迎えにきた。しっかり勉強せよと父はよく言い、私にソロバンをやらせて、うまくできないとなぐった。勉強のことで彼が見てやれるのは、読み書きとソロバンくらいだったものと思う。後に私は町へ出て、寄宿舎から高校へ通った。当時村の中学校から高校へ進学したのは、卒業生の二割程度だった。裕福であるか、もしくは人並み以上に教育熱心な親だけが、子供を高校へ行かせたのである。

しかし教育ということにかけては、もっと熱心にかつ持続的にやりとげた人を知っている。私が西ッ谷で父親と一つずつ窯を持ってやっていた、昭和三十三年ごろのことである。Pさんはそのとき、二キロほど上流の山中で、やはり父親と二人して炭を焼いていた。私より年上で二十五、六だったろうか。窯が近かったので私たちは顔見知りになり、彼の小屋に立ち寄ったこともあった。

当時Pさんは、炭を焼きながら、通信教育で高校課程の勉強をしていた。そして親子の稼ぎで、Pさんの弟を昼間の大学へ行かせているのだった。Pさんは通信教育で高卒の資格をとり、弟が卒業するのと入れ替わりに、こんどは自分が受験するつもりだと打ち明けた。その後の学資についても、中学校を卒業して以来十余年のあいだに準備してきたのだと言っていた。Pさん親子はめったに里に出ることもなく、一つの目標に向かってひたすら働き、そして小屋のランプの明りの下で独学しているのだった。

彼は受験前の何カ月かは、作業は父親に任せて、一日中勉強に没頭していた。私が訪ねると、テキストを見せて、ここまでやったんだとか、全部をすませるのにはあと幾日かかるのだといった話をした。里へ米をとりにゆく時間も惜しんでいるふうだった。どういう目的で大学へ行こうとしているのかと訊いてみると、よい会社へ就職するためだ、とPさんは言った。ふだん里の者とつき合わず、ラジオ放送にばかり馴染んでいるせいか、彼は整然とした標準語で話をした。その様子は三十歳に近い山の労働者というよりは、まるで受験生そのものという感じだった。

Pさんは大阪の大学に首尾よく合格したばかりでなく、そこをきわめて優秀な成績で卒業したと聞いている。またその弟も、高校卒業後の一時期山に帰って、父や兄の作業を手伝いながら、受験勉強に励んでいた時期があったというが、彼は現在さる大学の助教授で、理学博士ともなっている。Pさん一家の長年にわたる辛苦は、見事に報いられたといえよう。

炭焼きと植林

私は高校を卒業すると、田辺市で小さな会社に就職したが、三カ月いただけでそこをやめた。仕事や人間関係にも、あるいは町の生活にも魅力を感じなかったのである。ほかにもっとよい勤め口を見つけようという意欲もなかった。そのころ父母は西ッ谷で炭を焼いていた。せっかく高校を出してやった息子がまた山へ帰るということについては不満に思ったことだろう。だがもう父は若くはなかったから、新たに労働力がふえるというのは歓迎すべきことでもあった。

町から帰ると、さっそく私は西ヶ谷へ向かった。昭和三十二年、季節は初夏であった。谷峡の道を奥へ辿ってゆくと、淵の澱みの底まで陽光が映え、山のあちこちには木の花が白く盛り上っていた。青葉吹く風を胸一杯に呼吸して、懐かしさに私の心は弾み、帰るべきところへ帰ってきたという思いがした。

当時の西ヶ谷には、地元の農協の世話で十数家族が稼ぎに入っていた。山林を区分けしてそれぞれ窯を持っているのだった。学童たちは坂の多い山道を一時間以上歩いて、里の小中学校へ通っていた。パルプ材を伐採する業者も入り、一〇人程度が住む労働者の飯場もあった。パルプ材は谷の土場《どば》までキンマで集材し、そこから里の道路までは山を越えて長い架線で搬出していた。木炭もやはりキンマで土場まで出し、パルプ業者に運賃を払って架線に積んでもらった。その架線は、後に植林のための物資運搬でまた利用することになる。

はじめ私は父の窯を手伝ったが、炭山が広かったので、半年後にはさらに山の中腹に登ったところに、もう一つ窯を築いた。父の窯とは丘を一つ越えて、三〇〇メートルほど隔たっていた。窯のそばには自分の小屋を建てて、一人で住むことになった。だが窯の操作にはまだ自信がなかったので、むつかしいところは父に見てもらい、その代償に私は父の窯の木こりもした。

そのころには、私どもは里で比較的便利なところに、小さな家を手に入れていた。ようやく人並みに里の住人になっていたわけである。以来、山中で暮らしていても、そこを戸籍上の住所として今日にいたっている。和歌山県中辺路町野中一〇七一番地である。もちろん母も山小屋へ来て仕事を手伝い、弟や妹はそこから学校へ行くこともあった。

俵詰めにした木炭は、キンマ道までは肩に背負って下した。中学生の弟も手伝った。そこから架線の土場まで、キンマを曳くのは私の役目であった。キンマというのは長さ一丈（約三・〇三メートル）ほどの橇のことである。幅一メートル余の橇道をつくり、そこには橇が土にめりこまないように、五〇センチ前後の幅に横木を並べてあった。それを盤木《ばんぎ》といった。盤木の上を橇を滑らせるわけである。キンマ道は集材の土場から谷奥へかけて距離にして二キロほど入っていた。崖や谷を渡らねばならないところは橋を架け、かなり危険なところもあった。パルプ材も木炭も、そのキンマ橇で曳いて運んだのである。

キンマには一度に二〇俵近い炭を積んだ。曳き綱を肩にかけ、梶棒を握りしめ、身体を傾けて曳くのである。キンマ道は水平もしくは下り勾配につくられている。水平な道で重いときには、盤木に機械油を塗って滑りやすくした。そのうえ力をふり絞って曳かねばならなかった。道が下り勾配になると、こんどは逆に橇が勢いづいて走ろうとする。ブレーキをかけながら梶棒を操ってそれを制御するのがまた大変だった。操作を誤ると、キンマもろとも谷底に転落することにもなりかねない。帰りはからになったキンマをかついで戻った。それは樫の木で頑丈につくられており、相当な重さで肩にくいこんだ。

キンマ曳きのほかにきつい作業といえば、やはり窯出しと窯くべである。親子で二つの窯を焼いていると、その両方の窯出しが重なることもあった。ぶっつづけに二つの窯の炭を出し、そのうえ木入れをして、昼夜そしてつぎの日の昼も働きつづけたことがある。きつい作業はもちろん苦痛に感じたが、そのために意気銷沈するということはあまりなかった。私は二十歳だった。若い肉体は痛めつけられても一晩眠ると疲れも癒え、その後ではさらに力を増して甦った。

二十歳の私は、自分の人生をどういうふうに考えていただろうか。読書の癖はすでに身についていた。ときおりバスで往復四時間ほどもかかって、町の高校へ行き、重いほどの分量を借りてきた。それをランプの明りで読んだ。机も椅子も木を切って自分でこしらえたものである。山へ木を伐りに登るときもポケットに文庫本を入れて、しばしば仕事をさぼって読みふけった。文学書をはじめとして、哲学や宗教に関するものも多かった。経済学の古典なども、文庫を買って読もうと試みた。知識欲や思考欲は旺盛だったが、たとえばPさんのように学歴を得て有利な職業に就こうなどとは考えてもみなかった。社会というものには興味があったが、自分がそこで拘束されることを想像すると、踏みこんでゆこうという気にはなれない。よい地位や富を手に入れるなど、くだらないことに思われた。私は自然に対していつも共感をおぼえ、そのなかでの精神の自由ということを大切に考えていた。それは若者らしい観念的な美意識であった。炭焼きもまた社会からひどく拘束された存在であるということを、知らないわけではなかったのだが。

昭和三十三年ごろになると、西ヶ谷の炭焼きも減りはじめた。早く焼き終わった者から山を去るのである。時あたかも全国的に木炭の生産が急下降を始めた時期であった。われわれの地方でも、炭焼きから他の職種への転業が目立った。私のような若者はすでに少数派であったから、窯を捨てるのは主としてつぎの壮年層である。近代化の波が山村までも押し寄せ、山小屋暮らしの味気なさが際立って感じられるようになったことも、それに拍車をかけた。いわゆる経済の高度成長時代が、もうすぐそこまできていた。

都市の住宅建設や製紙産業の好景気にともなって、木材の需要はひきつづき増大していた。だが戦後十数年間の濫伐によって、山間奥地の木材の蓄積も底の見えた状態であった。当然一方では植林が促進されていた。植林すべき面積は広範囲にわたり、山村の人びとの主な職場となったのである。窯を離れた炭焼きも、多くはそこに吸収されていった。

人工造林はそれ以前も一部の山林家の手で行なわれていたが、地域をあげて取り組むようになったのは、昭和二十年代の後半からである。植林すべき山は、里の近くにもあった。一つは採草地である。それまで田畑に入れる肥料として草を刈っていた野原が、化学肥料の普及によって、荒れ地となっていた。つぎに自家用の薪や炭をとっていた山があった。私どもの村でも昭和三十年代のはじめにはプロパンガスが使用されるようになり、薪山を残しておく必要がなくなった。植林をすれば国から補助金があり、わずかな面積でも商品として売買されるようになった。

造林は里近くから、さらに奥山へと拡大されてゆく。そこには戦前戦後の需要期に、炭をとったあと放置された雑木山があった。またパルプ材を濫伐した跡地は山崩れをおこして、治山治水の面からも植林を急がねばならない。これまでの自然林を伐り払い、それに替えて主として杉と檜を植えた。それはわずか二、三十年のあいだに、広大な山々の景色を一変させる出来事であった。

西ッ谷も例にもれず、炭焼きが引揚げるのを待って、植林事業が計画されていた。昭和三十三年、ほかの人びとと前後して、私どもも西ッ谷での炭焼きを終えた。それから父はさらに谷から出た本流の川のそばで窯を築いた。西ッ谷で稼いでいた人びとは方々に散って、ある者は父のようにべつの山で炭焼きを続け、ある者は造林の労働者として傭われた。田辺市に出て保険会社のセールスマンになり、顔見知りであることを頼りに、私のところへ勧誘にきた男もいた。

私は父と別れて地元の森林組合に傭われることになった。造林の作業員として、一年後にふたたび西ッ谷に入ることになるのである。だがそれを限りに炭焼き仕事と訣別したわけではない。造林のあいまにしばしば父の炭窯を手伝うのである。そ の後も父は、中辺路町内の宇井郷《ういごう》、高尾山《たかおやま》と窯を移してゆき、遠く熊野川町日足《ひたり》の山へ出向いていたこともあった。さらにまた町内の上地《かみじ》にもどって、昭和四十三年十月二十七日の死ぬ前日まで炭焼きを続けた。もはや老人であったから、私もときどき様子を見にゆき、長くて二、三カ月、短くて一夜の窯出し作業をともにした。二人分の一夜の焼酎の量を三合と決め、ランプや松篝りの明りの下で飲み交した情景はいまも忘れがたい。しかし炭焼きに関してはひとまずここで筆をおく。

第二章　青春の西ン谷

青年作業班の結成

近野《ちかの》森林組合（中辺路町近野）に青年作業班が生まれたのは、昭和三十三年のことである。森林組合は、自己所有の山林だけでなく、地域内の民有林や官行造林の委託なども受け、手広く事業を行なっていた。現場で働いているのは主として地元の人びとだったが、形態はすべて臨時雇傭で、事業主と労働者の関係は流動的だった。その雇傭関係を安定させ、若い労働力を長期的に確保しようという目的で、「近野森林組合青年作業班」がつくられたのである。それまでのように一事業所かぎりの臨時ではなく、組合の責任で、永続的に雇傭を保障し、あわせて作業員の技術指導や教育や啓蒙などもして、質の高い林業後継者を育てることを目標にしていた。

中辺路町は昭和三十一年の三村（旧・近野村、二川《ふたかわ》村、栗栖川《くりすがわ》村）合併で町制に移行していたが、実態は紀伊半島南部の山岳地帯に位置し、奈良県と背中を接する山村僻地である。私どもの集落から鉄道の通っている田辺市までは約四〇キロ、当時唯一の交通機関であった国鉄バスで片道二時間を要した。町の面積の九〇パーセント以上を山林が占めており、林業以外にめぼしい産業のない土地柄である。だがいわゆる過疎化が急激に進行するのは、昭和三十五年ごろからのことで、作業班が結成された当時には、地元にいて山で働いている若者もまだ少なくなかった。

作業班は最初一〇名ほどのメンバーで組織された。ほとんどは二十歳前後の青年である。おおかたは中学卒業と同時に山稼ぎを始めた若者だった。もちろん当時でも都会志向の風潮は強かったから、田舎に残る者には、小百姓をしているとか家の後継者であるなど、それぞれ事情があった。いったん町に出て就職し、そこからUターンしてきた者も後には二、三人加わった。

最初の給料は一日六〇〇円が基準とされていた。一カ月二十日間出役するとして、月収一万二〇〇〇円ということになる。ちなみに当時町役場での初任給は高卒者で手取り五五〇〇円であった。もちろんわれわれには、ボーナスなどというものはなかった。日給制とともに、請負の制度も併用されていた。たとえば植林地の下草刈りの場合、一ヘクタール当たり四〇〇〇円程度として請負うのである。それを共同の作業で刈り、賃金は個人の出役日数に応じて分配された。だから一ヘクタールの山を刈るのに六日を要すれば、一日の賃金は六六〇円であり、能率よく五日で片づけると一日八〇〇円となるわけである。このような制度は、作業班だけでなく当時一般に行なわれていたもので、現在も引き継がれている。

作業班の特色はといえば、個人がそれぞれ森林組合と契約しているのではなく、班として雇傭関係を結んでいるという点にあった。一般的には、事業主またはそれを代行する庄屋や下請人が、一人一人の労働者を傭い仕事を監督し、あるいは賃金を払うのが慣例である。われわれの場合は、新規の採用や作業方法についても、班の判断で行なってよいとされていた。請負単価を決めたりする際には、合議で選ばれた代表がそれに当たり、賃金も組合から一括して受け取り、班に持ち帰って個人への勘定を支払った。班の運営と仕事に対する、権利の平等と合議制度と連帯責任をモットーとしていたのである。

最初の一年間は、町内の平井郷《ひらいごう》、道湯川、ウズラ谷などで、主として植林地の下草刈りを行なった。ウズラ谷は日置川流域、平井郷と道湯川は熊野川流域のそれぞれ一支流である。現在では車で里から通える範囲内だが、当時は森林組合のトラックで物資を運び入れ、山小屋に宿泊した。林道がようやく奥地まで敷設されつつあった時代で、山稼ぎの者は小屋住いがまだふつうのこととされていた。

道湯川に入ったのは、昭和三十四年の正月明けのことであった。蒲団や着替や道具類を背負って岩上峠《いわがみ》を越える途中、はげしい雪降りに見舞われたことを記憶している。そこはかつて道湯川村と呼ばれていたところだった。私の母親が少女時代に、炭焼小屋から里へ子守りに出かけたという土地である。だが三十年代にはもはや完全な廃村となり、二、三軒の空家とわずかの田圃が残っているだけだった。われわれは比較的こわれていない空家を見つけて住んだ。

組合に傭われて里の女性たちが食料品を飯場まで運んだ。食事は共同炊事とし、薪取りや飯炊きや食器洗いも手分けして行なった。現場の作業でも、あるいは夜の飯場でも、若者ばかりの生活は活気に満ちていた。いままで民有林の庄屋のもとで忍従を強いられた経験をもつ者は、作業班に入って解放感を味わった。馬鹿げた冗談を言ってふざけることも多かったが、ときにはまじめな議論で夜更しをすることもあった。共通の関心は、やはり自分たちの生活とその将来にかかわる事柄である。その日稼ぎでなく、将来に展望をもつにはどうすればよいだろうか。

共同で小さな山を手に入れたのも、そのころのことである。山村で資産家といえば、それは山林家のことである。だが山林占有率九三パーセントというその只中に住んでいながら、班員のほとんどは自分の山を持っていなかった。われわれが買った山林は面積五ヘクタールに満たないものだった。だが四十年後に伐採するときには、木材の売上げを退職金に見立てて、サラリーマンのそれに匹敵するものになるだろう、とそんな夢を語り合いながら、みんなで苗木を植えた。後には都会などへ転職する者があいつぎ、結局共同の山も途中で売却する羽目になるのだが。

また当時単車が流行しはじめていた。それはわれわれにとってすこぶる魅力的な乗物に感じられた。だが新品の単車一台の値段は、およそ半年分の稼ぎに相当した。どうすれば手に入るだろうか。また討論である。お互いの頼母子《たのもし》で、一台ずつ順番に買うことにしようという意見も出された。結局組合に援助を求めることになって、代表者が出向いた。談合の結果、一部補助をもらうことになり、残りは毎月の給料から返済するということで金を借りた。以後数年間、単車は山間地域におけるもっとも軽便な交通手段として愛用されることになる。

若者たちはおしなべて貧乏で、世間知らずだった。だが同時にまじめで純な心を共通してもっていた。とりわけ仕事についてはきびしかった。共同作業の場合、一人でも怠ける者があれば、それは全体に影響をおよぼす。骨惜しみはいうまでもなく、粗雑な仕事をしてはならない。そんなことを声高に言うわけではなかったが、暗黙のうちにも明確なモラルであった。

互いの人間関係も、おおむねうまくいきそうだった。ときにはあらそうことがあっても、陰湿に尾をひくということはなかった。同じ年ごろで同じ環境にいる者どうしだという、心安さと共感で互いを理解していたからである。そして一緒に働くかぎりは、仲良くし力も貸し合ってゆこうという点で、気持は一致していた。

西ッ谷入山

日置川は、奈良県境の果無《はてなし》山脈から流れ出て、紀伊半島の南部で熊野灘にそそぐ。果無山脈の源流近くになると広見《ひろみ》川と呼ばれるが、そこから西方角の山間に入った谷川の一つが西ッ谷である。延長は約二・五キロ、流域の面積は一八三ヘクタールにおよぶ。わが家のある野中の里から五本松の峠を越えて谷の入口まで約三十分、もっとも奥深い地点は二時間近くを要する距離にある。現在も林道は通じていない。

西ッ谷はもと村有林だったが、町村合併の後は「近野財産区」という地元の団体がこれを管理していた。つまり地域の共有地である。パルプ材の伐採と炭を焼いた跡地の植林については、早くから検討されていたが、なにしろ広い面積だから資金面でめどが立たなかった。その結果、営林署がこれを行なうことになった。山を売ったわけではない。つまり地上権を五十年の期限でもって国に貸与し、営林署が全山にわたって造林事業を行ない、木材を伐採した際の売上げ金を、財産区五〇パーセント、営林署五〇パーセントの比率で配分するというものである。このやり方を「分収造林」といい、国（官）が行なう場合は「官行造林」と呼ばれる。

現場の作業については、年度別に区切って、近野森林組合が請負うことになった。準備作業にかかったのは、昭和三十四年の夏である。そのころわれわれ作業班は、西ッ谷とは背中合せのウズラ谷で下草刈りをしていた。だからはじめ西ッ谷に入ったのは、べつの人びとである。組合のF技師が、現場の事業を監督し指導した。

パルプ材の搬出も炭焼きも、まだ全部は終わっていなかった。そのおかげで、山小屋の建設資材なども、架線で西ッ谷の土場まで送ることができた。小屋はさらに二キロほど奥に建つことになっていたから、その間は肩で運んだ。それはS建設が請負っていた。掘立小屋ではなく、専門の大工の手による本格的な宿舎である。板の壁に屋根はトタン葺きで、窓ガラスが入り、畳も敷かれて、二〇人以上が宿泊できる広さがあった。

同時に造林地の測量や、歩道の整備もなされた。歩道は私どもが炭を焼くのに通っていたもののほかに、川下の鴨折《かもり》林道へ向けて新しくもうけられた。それらもF技師の采配で行なわれ、ときどき田辺営林署から係官が見廻りにきた。

いちおう体制がととのって、われわれ作業班が入山したのは、もう年の暮れもせまった十二月十二日だった。パルプ材搬出用の架線を借りて、蒲団などめいめいの荷物を谷口まで送り、そこから背負ってキンマ道を登った。山小屋の備品や食料品の運搬には、里の婦人が傭われていた。カシキ（炊事係）も同行した。三十歳前後の夫婦連れで、飯場にはカシキ部屋がべつにもうけられていた。

西ッ谷に入るにあたり作業班も増員され、総勢一九名にのぼった。うち一人だけ三十三歳というのが例外的な年配で、ほかは十七歳から二十三歳までの若者ばかりだった。地域で作業班は注目されており、参加を希望する者が多かったのである。

入山の際には、F技師のほかに営林署の係官も四人やってきた。地拵《じごしら》え単価はすでに決まっていたが、作業の仕様や事故を起こさぬ注意など、こまかいことが話し合われた。一九名を三班にわけ、それぞれの責任者も決められた。F技師は、一日のスケジュールを書いて壁にかかげたが、それはつぎのようになっていた。

朝食…五時四十分。出発…六時三十分。始業…七時十五分。休憩…九時三十分〜九時四十五分。昼食…十一時三十分〜十二時五十分。休憩…三時〜三時十五分。終業…四時三十分。消灯…九時。

いちおう目安として書かれた時間表だが、これによると、現場での休憩を除く実働時間は七時間二十五分ということになる。もっともわれわれは役人とちがって、時間的には呑気な面があり、いわば臨機応変にやった。なお消灯というのは、この場合はカーバイトガスまたは石油ランプの明りを消すことである。一年後には発電機による自家発電が行なわれるようになった。

人工造林について

造林というのは、都会の一般の人びとにとってはあまり馴染みのない言葉ではなかろうか。植林といえば誰でも知っているだろう。「国土緑化運動」といったことが、さかんに叫ばれた時期もあった。緑化をはかることによって山地の荒廃を防ぎ、治山治水の効果を上げるというのも、もちろん植林の重要な側面といえよう。だが主たる目的はやはり木材という森林資源を育てることにある。しかし苗木を持っていっても、すぐさま山に植えられるわけではない。あるいは植林を行なっても、そのあと放置しておいたのでは立派な山林にはならない。植えるための準備、そして植林、さらに育成のための手入れ、それら長い年月にわたる作業を包括して造林と呼ぶのである。

われわれが西ッ谷に入山するまでにも、さまざまな準備段階があったことは先にも述べた。造林地の測量、山小屋建設、歩道づくり、さらには苗木も準備しなければならない。苗木は組合が里の農家と契約して栽培させ、あるいは一部ほかの生産地からも購入することになっていた。そのうえで本格的な作業が開始されるわけである。

入山と同時に地拵えが始まった。地拵えは地明けともいう。山はパルプ材や炭木をとった跡地とはいえ、雑木や雑草がまだたくさん残っている。それらを伐って除かねばならない。植林やそのあとの手入れがやりやすいように、木の株は低く切り、木の末《うれ》や柴は邪魔にならないように、一方に寄せて帯状に積むのである。遠くからだと、山全体が横縞模様に見えた。山の高いところから伐り払ってくるのである。数人が自分の伐り払う範囲（二〜三メートル）を受け持って並び、伐った木を片づけながら前進する。いわば競争で、油断をすると仲間から後に残され、気まずい思いをしなければならない。

山は丘やサコ（山の襞）を境界にして、三〜五ヘクタールずつに区分し、測量してあった。一ヘクタール当たりの地拵え単価は、二万四〇〇〇円ないし二万七〇〇〇円だった。それを片づけるには、延べ三〇日以上を要した。毎年二〇〜四〇ヘクタールの地拵えを継続してゆくわけだが、最終年度の昭和四十年には、一般の賃金の上昇を反映して、一ヘクタール当たりの単価は五万円前後に値上りしている。

地拵えの道具は、下刈鎌と鉈と鋸である。下刈鎌には一メートル余の長い柄がついており、草だけでなくかなり太い木を伐ることもできた。立木をめざす方向へ倒すときも、この鎌で引っぱった。作業の決め手は道具の良し悪し、とくに切れ味にかかっており、わずかな休憩時間にも研ぐのである。怪我をすることもあった。とくに地拵えを始めた当初は、作業に馴れない未成年者がいたせいもあって、事故も多かった。ある者は鉈で膝頭を切り、またべつの者は落下した木に当たって、頭に裂傷を負った。

春先までかかって地拵えがすむと、三月と四月は植林の季節である。苗木はやはり架線で谷口まで送られ、そこから現場までは、里のおばさんたちが背負って運んだ。植えるのも彼女たちの仕事である。里から通って一日二〇〇本程度を植えた。苗木は杉と檜である。山裾やサコなどの肥沃地には杉を植え、稜線や頂上近くなどには、乾燥や痩土にも強い檜を植えた。一ヘクタールにつき、三五〇〇本が標準とされていた。植え賃は三十五年度が一本につき二円で、これもやはり年ごとに値上げされてゆく。

夏の作業は下草刈りである。植林地に繁った雑木、雑草、蔓などを鎌で刈り払うのだ。これを怠れば、自然の繁みのなかに杉や檜の苗はたちまち呑みこまれてしまう。よく繁った部分は、夏のあいだに二度も刈らねばならない。そして少なくとも五年間は毎年下草刈りを行ない、それ以後も十数年のあいだは、三〜五年間隔で手入れをするのである。西ッ谷は昭和四十一年に全山の植林を完了し、われわれはつぎの果無山脈に移るのだが、その後も他の人びとの手で下草刈りは続けられた。

地拵え、植林、下草刈り、この三つは造林事業の大部分を占める作業である。だが、このほかにも手入れをしなければならないことは少なくない。病害・獣害の駆除もその一つである。近ごろ社会問題になっているマツクイムシの被害の場合もそうだが、杉林もアカガレ病に侵されると、ヘリコプターで薬剤を散布することがある。また獣害は、昨今その保護の是非が問われているカモシカをはじめとして、鹿や兎なども幼齢樹の穂を摘み、あるいは樹皮を剝ぐ。罠掛けも造林作業のうちである。あるいは熊野地方でもときには大雪に見舞われることがあり、その後では押さえられた木を、一本一本紐でもって起こしてやらねばならない。

西ッ谷では行なわれなかったが、熱心な山林家は植林地に肥料を施す。磨き丸太など銘木の産地として知られる、奈良県吉野《よしの》地方や京都の北山《きたやま》などでは、施肥《せひ》は当然すべきものとされている。われわれ熊野地方にもその考え方が浸透してきているのである。

枝打ち方法も、ここ十数年のあいだにずいぶん普及した。やはり吉野地方など林業の先進地から伝わってきたものである。これは節のないまっすぐな木材をとることを目的に行なわれる。植林して数年たつと、地面に近い下枝から順番に落としてゆくのである。価値ある山林をつくるためには、一本一本の木を大事に注意深く育てる姿勢でなければならない。

十数年たつと、間伐《かんばつ》が行なわれる。出遅れた木や曲った木を伐って、間引くのである。それは数年間隔に行なうべきものとされている。手を抜けば、その分だけ山林の質が低下するわけだ。一ヘクタール当たり三〇〇〇本以上植えた木が、そうして間引かれて、皆伐時には一〇〇〇本から一五〇〇本残っているのがふつうである。

伐期はおよそ三十〜六十年が常識とされている。杉と檜とでは生長力がちがうし、肥沃地と痩土とでもずいぶん差が開くわけである。最低三十年という期間は、人間が社会の第一線で働ける時間にほぼ相当し、六十年といえばその一生ということになる。山林《やま》づくりというのは、一朝一夕には成就しがたい事業なのである。

労働と休日

作業班はその後もメンバーがふえて、最盛期には二三名にのぼった。うち一人を除いて、ほかは独身者ばかりだった。そのなかには独身ながらも一家を支える稼ぎ手もおり、まだ親がかりで自分の将来を決めかねているような少年もいた。仕事馴れした年嵩の者がリーダー役になって、初心者に仕事を教えたり、道具の柄をつけてやったりした。だがそのリーダーたちもまだ二十二、三歳、仕事だけで満足していられる年ごろではなかった。

作業中は少しの油断もなく、いつも精一杯働いた。怠け者は敬遠されるのである。また、たとえ身体の具合が悪くても、仕事を休めば日当がつかないから、月末の給料日には仲間との差に口惜しい思いをしなければならない。だから仲間どうしが作業をきそうとともに、一カ月の出勤の日数をきそった。

みんながそろって一緒に休むときは、本当に休息日だという感じがした。雨や雪が降れば休みだ（ただし夏のあいだは、雨の日にも合羽を着て作業に出た）。朝に目覚めてトタン屋根に雨の音を聞くと、しめしめ今日は休みだ、と思うのである。ときには仕事を途中で放棄して休むこともあった。たとえば炎天下でみんなが暑さに苦しんでいるとき、誰かがふと、川へ泳ぎに行こうやないか、と誘うと、たちまち衆議一決して山を下った。あるいは休憩どきに雑談をして、話が興に乗ってくると、そのまま仕事をしないで坐ってしまうのだった。みんな心の弾んでいる年ごろだったから、愉快な話やまじめな議論など、話題にはこと欠かなかった。

休日には里へ帰った。おおかたの者は小百姓をしていたから、農繁期だと家へ帰ってもまた仕事が待っていた。それでも里へ出ると、山小屋での鬱積が拭われるような解放感を味わった。休日といってもべつだん遊ぶ場所があるわけではない。当時まだ田辺市まで行かなければ喫茶店もバーもなかった。あるときはじめて「アルサロ」へ遊びに行った者がいた。帰ってきてからみんなで感想を聞くと、いや、話せるような女はおらなんだよ、とその男は答えた。まじめに人生観などを語り合えるような女性を期待してアルサロへ行ったのである。田辺まで行く機会すらめったにないことだった。

里での一番の楽しみは映画会だった。十日に一度は巡回映画が公民館や小学校で上映された。いま記憶に残っている作品を列挙すると、『新吾十番勝負』『鰯雲』『荷車の歌』『楢山節考』『蟻の街のマリア』『コタンの口笛』『キクとイサム』『海の恋人たち』『番頭はんと丁稚どん』などである。公民館が主催し、集落あげて家族連れで観るのだから、あまり低俗な作品はなかったようだ。映画会はまた若い娘に接触できる機会でもあった。好もしい姿を遠くから見るだけでうれしく、胸がときめいた。映画会のある日には、早めに作業を終わって里に出た。そしてつぎの日には、そのことがまた山での話題になるのだった。いわく、「A子が来ていた」「B子は厚化粧をしていた」「C子はおれに気があるらしい」「D子はおれの隣へ坐っていた」等々。

娘のいる家へ直接遊びに行くこともあった。たいていの場合は相手の承諾もなしに一方的に押しかけて行くのだった。たいして話題がなくても炬燵などで辛抱づよく坐るのである。そうして相手の気心をはかろうとしたのだ。この里でも戦前には夜這いの風習があったという。われわれの時代にはもうなくなっていたが、いわばその名残りだったろうか。

私の女友達は、身近なところではなくて、四〇キロ離れた田辺市の近郊に住んでいた。まだ学生だった。めったに会う機会もないので、もっぱら手紙で交信がなされていた。山小屋で手紙を書いていると、おい、またフミ（恋文）を書きよるんか、と仲間の者がそばからひやかした。手紙のなかで私は、日々の労働のことや、自然の風物の美しさについて書き、一方彼女は、学生生活の様子や、読んだ本の感想などを書き綴っていた。お互いに相手に対する感情についてはは触れることはなかったが、それはやはり恋文のようなものであったろうか。

二月、霙のような雪の降る日に、その少女が、なんの前ぶれもなく、突然私の家を訪ねてきたことがあった。そのことを、荷物を運んでいるおばさんが山小屋まで知らせてくれた。里の私の家で、私たちは二晩と三日を一緒に過した。粉雪の舞う林のなかを歩き、夜遅くまで語り合い、くたびれると襖を隔てて寝た。彼女は複雑な家庭環境におかれていて、その悩みを聞いてもらいたさに私を訪ねてきたものだったが、それにしても、男友達の家に泊まることを、家の者にどのように説明をしていたのだろう。

少女の来訪は周囲の人びとの好奇心をそそって、もうすぐに私が結婚するような噂も広まっていたようである。だが彼女との間柄に特別なことはなく、それ以上の進展もみなかった。

作業班の青年のなかでちゃんとした恋人がいるのは、年嵩のTだけだった。彼は小さなシャクトリムシを怖がるという、おかしな癖をもっていたが、偉丈夫で、青年たちのリーダーでもあった。恋人は里の保育所に勤めていた。結婚にそなえて新居を建てる計画があり、無駄使いをせずよく働き、稼ぎ高でもいつも上位を占めた。

Tはまた盆踊り唄が得意で、作業をせり合って自分が優位に立つときまってそれが出るのだった。彼が歌うと他の者も声を合せ、時ならぬ大合唱が山々に響きわたることもあった。

夜の山小屋で

宿舎は真ン中に土間の通路があり、その両側が座敷になっていた。土間にはストーブも置かれていた。座敷では畳一枚を一人分とし、横にずらりと並んで寝るのだった。五時すぎに仕事から帰って、夕食をとり、風呂に入り、それからしばらくは団欒の時間である。

雑談をする者、道具の手入れをする者、ギターをかき鳴らす者等、さまざまである。これから単車の免許試験を受けようとする者は、一カ所に寄り集まって学習をしていた。花札を持っている者もあり、菓子や煙草や、ときには小銭を賭けてゲームを楽しんだ。将棋を指す者もいたが、碁を打つのはF技師と私だけだった。だがFさんは仕事を見廻りにきて、たまに泊まる程度であった。営林署の係官の蒲団も用意していたが、彼らはほとんど泊まらなかった。

なかには読書熱心な青年もいた。そして班では会費でもって『若い広場』や『人生手帖』など青年向けの雑誌を共同購入した。『人生手帖』などは、当時底辺におかれ、学習の機会にも恵まれていなかった勤労青年たちを啓蒙する役割を、ずいぶん果たしていたのではないだろうか。詩を書いていたH、美術が好きだったM、それに私なども愛読者だった。

Mは図書の係でもあった。当時県立図書館から「はまゆう号」という自動車文庫が巡回していた。それが来る日には、みんなの注文を聞いてMが里まで出かけてゆき、ダンボールに一杯の本を背負ってくるのだった。彼は『世界美術全集』などを重さも厭わずに借りてきた。そして気に入った作品に出会うと私にも見るように奨めた。あるいは、モジリアニはどんな一生をおくったか、といった話を語って聞かせるのだった。またあるときMは、紙芝居を持ち込んで、ランプの照明の下で上演して見せた。なにかにつけて仲間を啓発しようと考えていたのである。

自分で本を手に入れたいときは、出版社に直接金を送って取り寄せた。たいていは文庫本だが、郵便で送られてきたのを、封を切る楽しみは格別だった。多くは小説で、私はとくにロシア文学を好んで読んだ。たとえばツルゲーネフの『その前夜』などは、小屋の窓に雪の舞っている夜更けにふさわしい読物であった。トルストイのヒューマニズム、チェーホフの優しさ、ゴーリキイやオストロフスキイにおける革命など、それぞれに感銘を受けたが、とりわけどの作家にも共通している、ロシアの大地と自然の描写が私を魅惑した。一方では、マルクス『賃労働と資本』やエンゲルス『空想より科学へ』にも手をのばし、レーニンやスターリン、さらには毛沢東の著作も文庫本で求めるなど、社会主義の文献への傾斜も急であった。それに対する反論も期待して、小泉信三著『共産主義批判の常識』といったものも読んだ。

自分が感銘を受けた本は、Mや詩人のHにも読むように奨めた。彼らもすでに相当な読書家で、Hはよく山之口貘や小熊秀雄の詩を朗読して聞かせた。彼は虚弱体質で、労働のきびしさに苦しんでいた。彼らもマルクスやレーニンを読み、途中で私に向かって、プチブルてなんや、とか、アナーキストってどういう意味や、などと訊くのだった。私は説明できるときもありできないこともあった。

マルクスだけでなく、エロ本（ポルノという単語はまだ知らなかった）の類ももちろん読んだ。ワイ談もさかんだった。雑誌の裸形の写真を切り取って壁に貼ったり、人気女優のプロマイドを奪い合って騒ぐこともあった。蒲団の中へ写真を持ち込んで、おれはヤマモト・フジコと寝るぞ、と一人が言うと、べつの男は、おれはツカサ・ヨウコじゃ、と言ってみんなを笑わせた。

美人コンテストというのもやった。対象は里の娘たちである。紙切れにそれぞれ名前を書いて投票し〝ミス近野〟を決めた。

しばしば力くらべも行なわれた。レスリング、坐り相撲、足相撲、腕相撲、棒引、綱引などである。それらは座敷でやるのだが、谷川の砂の上で相撲の稽古にも励んだ。まだ草相撲のさかんな時代で、どこかで競技大会があると、力自慢の者は風呂敷にまわしを包んで出かけたのである。

酒はたまに飲む程度だった。森林組合や財産区から慰労にくれたものを、みんなして飲んだ。酔えば歌が出た。あるいは惚気《のろけ》を言う者あり、片想いの苦しさを訴える者あり、声高に論争する者ありで、混沌とした騒ぎである。ときには殴り合いの喧嘩もやらかした。

夏の夜には近くの谷川へ鰻をとりに出かけた。カーバイトのランプで照らしながら、魚鋏で押さえるのである。木の枝が垂れ下った暗い淵などに、思いがけないほど大きなやつがいた。

近代的労働者への試み

リンセリという言葉がある。リンは厘の意味であり、セリというのは、競り上げる、競合する、ということである。その相手は親方だ。たとえば一日の賃が一五銭五厘であった時代に、あと三厘あるいは五厘上げてくれるよう要求したことが、リンセリの語源であろうかと思う。それはまた主としてキリ（伐採）、ダシ（搬出）、コビキ（木挽）などの造材現場から生まれた表現である。

キリやダシの場合、その身分関係は、業者→代人→庄屋→小庄屋→ヨコ→シタコ、というたての系列で結ばれていた。業者は山林家から立木を買うのだが、ときには山林家が自分でキリやダシの事業を行なうこともある。代人というのはその手代であり、業者がいくつもの事業所を持っているときは、一つの現場の責任者でもあった。庄屋は業者と請負もしくは日傭いで契約を交し、必要なだけの労働者を集め、ときには作業を指揮した。小庄屋というのはそれを補佐して帳簿会計等の事務を行なう者である。ヨコは現場の指導的労働者、シタコは一般労働者のことだった。

リンセリは、事業主や庄屋に対し、ヨコやシタコなどが互いに語らって行なったものである。いまふうにいえば賃上げ交渉だが、上下の身分的拘束のきびしい社会においては、要求を口に出すということはいわば公然たる反抗であり、労働者はクビを賭ける覚悟でのぞまねばならなかった。交渉が紛糾すれば、斧《よき》をふりかざして威嚇することもあったという。親方の側でも、用心棒のような者をかかえたり、あるいは懐柔するなどしてそれに対抗したのである。

キリやダシの庄屋制度は、造林がさかんになるとそのほうにも移行した。現在でも民有林ではほぼこのかたちを踏襲しているわけである。もちろん時代とともに、たて関係のきびしさは薄れ、ヨコやシタコといった呼称はほとんど忘れられた。しかしリンセリという言い方はいまも通用している。リンは現在では賃金そのものを意味し、たとえば「もうちょっとリンを上げてほしい」というふうに使われている。日当五〇〇〇円が五五〇〇円になるのもリン（厘）が上がることなのである。

森林組合においては、もはや庄屋制度はなく、それにかわるものとして事業主

（理事者）→現場監督（組合職員）→班長→労働者という体制になっていた。かつての代人または庄屋に相当する現場監督はサラリーマンであり、班長は昔のヨコとちがって、全員で互選され、労働内容も賃金もみんなと変わらないのである。庄屋制度でないということは、業者と労働者との中間に、半封建的な支配や、不明朗なピンハネが介在しないことを意味する。賃金や待遇についても、労働者は直接事業主と交渉すればよいわけで、それは近代化への第一歩であるともいえた。われわれはまずこの制度を大切にしようということで意見が一致していた。

しかしながら、造林仕事を一生の職業として考える場合、そこには現実に対する不満や、将来への不安がまだまだ山積されていた。

常時雇傭は約束されているとはいえ、賃金は日当勘定である。作業に出た日以外はなんの保障もなかった。稼ぎ高は天候によって左右され、あるいは病気にでもなれば、たちまち収入の道は閉ざされるのである。たとえ健康で働きつづけたとしても、サラリーマンのような定期昇給やボーナスの制度もなかった。それどころか請負制度のもとでは、年老いて体力が衰えれば、おのずから収入も低下することは目に見えていた。

そこで将来の生活に希望を見出すためには、二つの選択があるように思われた。その一つはもっと条件のよい職業を探すことであり、いま一つの道は、現実の仕事を有利な方向へ改革するということである。若者たちは前者にも心をひかれながら、後者の可能性をも追求するという、試行錯誤の状況におかれていた。雇傭条件の改善については、しばしばみんなで議論していた。どうすれば収入を多くすることができるだろうか、あるいは山林労働者にも永続的な保障制度を確立する方法があるものだろうか。

賃上げ交渉、つまりリンセリはしばしば行なわれた。たとえば下草刈りの場合、組合側は一ヘクタール当たり八〇〇〇円だと言い、われわれは一万円は必要だと主張して交渉するのである。

相手方は現場監督のF技師だが、現場で結論が出ないときは、組合の事務所まで出かけた。また当時の組合は、個人の能力に応じて賃金格差をもうけようとしたが、われわれは反対だった。差別をつけることは、労働者間に疎隔を生むことになり、ひいてはリンセリの際の足並みを乱す原因にもなりかねない。F技師は、きみたち、ソ連でも賃金格差はあるんだぜ、と若者の左翼かぶれを揶揄したが、われわれは譲らなかった。

賃金制度そのものについても検討された。請負制と日傭い制の併用という点をあらため、日傭い制度一本にしぼったらどうか、という意見も出された。だがこの場合も金額のうえで折り合わなかった。労働者側は、請負制度同様の日当を望んだが、事業主としては、日傭い作業は能率低下が目に見えているから、それには応じなかったのである。月給制度を望む声もあった。しかし天候に左右される仕事であること、拘束時間よりも作業能率が重視されることなどから、それにも障害が多かった。すべての山林労働者を、たとえば営林署の職員並みの月給制で採用したならば、経費の面から現行の造林事業などたちまちゆきづまるにちがいない。あるいは土木労働者や港湾労働者や大工や左官なども、公務員並みの待遇にしたと想像すればどうだろう。低賃金や請負制度や、都合によってはいつでも解雇できる労働者の存在は、いわば経済社会における安全弁なのである。だからといって、山林労働者が公務員並みの待遇を望むことを、身のほど知らずの非常識な注文だとは誰もいえないはずだが。

仲間の話し合いのなかから、労働組合を結成することになった。昭和三十五年八月である。まず作業班を労働組合として、森林組合に認知させようということになった。そこから組織の拡大をはかり、やがては町内の全労働者を結集しようというのが目標であった。政党やほかの労働組織からのはたらきかけがあったわけではなく、社会主義の文献などを読んでいた連中の自発的発想である。その前年、班として奈良県へ林業技術の研修旅行をした際、吉野郡小川村《おがわ》（現・東吉野村）の山林労働組合から、資料をもらってきていた。それらを参考にしながら、「労働協約」の草案をつくり、森林組合との交渉に入った。

「協約」の骨子としては、完全雇傭、賃上げ、社会保障制度の適用などが謳われた。雇傭の保障や賃上げは、労働組合結成以前から交渉のテーブルに載っていた事柄である。問題は社会保障制度であった。失業保険、ボーナス制度、厚生年金、退職金制度の適用など、一森林組合の力では対応しきれる問題ではなかった。

山祀りとメーデーの二日を有給休暇とすることと、年末には三百日以上の出勤者に六日分の日当をボーナスとして支給するという、まことにささやかな成果があった。その時点ではまだ見通しが立っていなかったが、後には和歌山県森林組合連合会の音頭とりで、県全体のボーナス制度が試みられることになる。また昭和四十二年には、失業保険制度の適用と、農林年金への加入が認められた。それらは、山林労働者にも社会保障を、という全国的な時代の気運のなかから生まれたものである。しかし内容としては、まことに貧弱な状態のままで現在にいたっている。われわれが小さな労働組合をつくって、やろうとしたことは、いわば一地方における草わけであったともいえよう。

メーデーを有給休暇にしよう、というのは、当時、日米安全保障条約改定が問題になった、いわゆる六〇年安保の騒然とした世情に刺激されての発想であった。メーデーの集会といえば、田辺市まで出向かねばならなかったが、その年には作業班からも何人かが参加し、これからは毎年仕事を休んで、全員で行こうということになったのである。六〇年安保に関しては、近野地区のような僻地にあっても、教師や青年を中心に、「安保問題研究会」という会がもたれ、改定反対の署名が募られたりした。その会合に、作業班の者もときどき顔を出していたのである。青年たちの政治に対する理解の仕方はさまざまだったろうが、社会に対する一つのアプローチとして、関心を惹く面が共通してあったものと思う。それは、社会から取り残されていると感じている者にとっては、政治活動という以前の社会参加であった。

労働組合をつくったり、デモに加わったりという行為も、現代人として、人並みなことをしてみたいという願望のあらわれではなかったろうか。

だが、われわれの労働組合は、その後はたいした成果を得ることもないまま消滅していった。その原因の一つは、森林組合内での要求に終始し、外に向かっての発展がなかったからである。まだ旧来の庄屋制度のもとにおかれている民間の山の職場において、組織を拡げることは想像以上にむつかしかった。地域全体の労働環境が改善されないで、一部森林組合の労働者だけが飛躍的に向上するということはありえない。

いま一つには、昭和三十六年ごろから、作業班の仲間たちがあいついで山を去ったことも禍いした。それによって、残された者も覇気が衰え、ひいては組織としての活力も失われていったのである。

動物交友録

まだ自然林が残されていたころの西ッ谷には、野生動物も少なからず棲息していた。広葉樹の林には、彼らの食餌となる草木の実やヤマノイモなども豊富だったのである。山道を歩いていて、出喰わすことも珍しいことではなかった。

猪が、ヤマノイモや蟹やミミズを探して土を掘り返した跡はどこにでも見かけたし、林のなかの湿泥地は、ノミやシラミを除くために猪が泥を浴び、付近の木の幹に身体をこすりつける、生々しい沼田場《ぬたば》となっていた。彼らに不意に出会うと、はげしい唸り声を発して威嚇してきた。仔連れの猪の場合、そうして母親は敵と対峙する一方で、わが仔を安全な方向へ逃がすのである。

猪に踏みつけられたこともあった。弁当を食った後、日向に転がって昼寝をしていたときのことである。不意にあらわれたそいつは、横たわっていた数人の男たちの上を、顔といわず腹といわず蹴ちらかし、驚いて起き上ったときは、もう彼方に走り去っていた。おそらく犬かなにかに追われて、白昼の作業場にあらわれたものであろう。

草食獣で、猪に比べてはるかに性質温和なカモシカを、われわれは監督さんと呼んでいた。ニホンカモシカは脚が短くて遅いかわりに、人間や犬が近寄れないような険しい崖に逃避できる、忍者的な特技をもっている。そのような安全な場所に立って、半日ときには一日中、そこからわれわれの作業を監督しているのだった。好奇心の旺盛な動物なのである。彼らはときどき角を振ったり、蹄で岩を叩いたりしながら、宝石のような青い眼で、飽きもせずこちらを眺めていた。その監督さんは、われわれの仕事に対して文句も言わないかわり、リン（賃金）を上げてやるとも言わなかった。むしろ彼らは、自然林を裸にしてゆく人間の営為を、不安の面持ちで、あるいはにがにがしい思いで見ていたにちがいない。

山々が紅葉する季節になると、鹿の啼き声が聞こえた。それは雄が雌に求愛して、あるいは他の雄に対しなわばりを主張して叫ぶのである。接近して耳にすると、ブウォッという、猛々しい野獣の咆哮にほかならないが、それが遠い彼方の山から距離を隔てて聞こえてくると、ピィーヨーと笛のように哀切に響くから不思議だ。鹿の声がさかんになるにつれて、水の冷たさが掌に沁み通り、屋根に落葉や木の実の降る音がして、冬に向けての山小屋暮らしが、にわかにわびしく気重に感じられるのである。

晩春の季節、生まれてまもない仔を連れた鹿の群れに出会ったこともある。谷川のほとりから山腹にかけてのなだらかな斜面には、濃紅の新芽を出したアカメガシワが林をなしており、幹には蔓やキイチゴの黄緑も絡まろうとしていた。陽光がさんさんと降りそそぐその木立の下を、一〇頭ほどの鹿の群れがゆっくりと登っていた。一頭または二、三頭連れのものにはいまでも出会うが、そのような多数の鹿を見たのは一度かぎりのことであった。紀伊半島の山中には、野生の鹿ももう群集するほどには棲息していないのではあるまいか。

野兎も沢山いた。春、野兎は青草の繁みのなかで数羽の仔を生むが、たまに親にはぐれたそれを拾うこともあった。仔兎が手に入れば、当然飼ってみようという気持になる。しかし家畜化されたアンゴラウサギなどとちがって、こちらは意外に飼育がむつかしいのである。餌を拒んで死んでしまうこともあった。あるいはちょっと油断したすきに逃げてしまったこともある。野兎を飼うなら、中秋の名月だけは見せるな、という話を、子供のころから聞かされた。どんなにしっかりと箱に閉じこめておいても、月の光に触れると神秘的な力でもって脱出し、山へ帰ってゆくというのである。そのような言い伝えになんとなく説得力が感じられるほどに、野兎は野性に満ちた動物だといえよう。

また当時、植林に対する野兎の害が、ようやく問題になりつつあった。つまり造林によって彼らの棲息する自然林の範囲が狭められ、それに報復するかのように、杉や檜の苗を餌食《えば》みするようになったからである。さらに鹿やカモシカによる被害も加わるようになるのだが、それはもう少し時がたってのことなので、あとの章で述べることにする。

猿の群れが回遊してくることもあった。われわれの地方では、猿のことをエテコまたはエンコ、ときにはふざけてワカイシ（若い衆）などと呼ぶ。雨が降りそうな夕暮れどき、岩陰に群集して、心地よい居場所を奪い合って叫ぶのが、さながら分別の浅い青年たちの騒ぎに似ているのである。ことに晩秋の季節、時雨の山に鳴く猿の声は、たそがれの寂莫感そのものであった。

猿を生捕りにしたこともある。群れからはぐれたそいつを、大勢で囲んで木の穴に追いつめ、私がジャンパーをかぶせて押さえこんだ。大きな雌の猿だったが、山小屋の軒下で、犬の首輪と鎖をつけてしばらく飼っておいた。握飯を好んで食ったりしていたが、ちょっと油断したすきにやはり逃げられてしまった。一度人間に飼われた猿は、もう以前の集団に入れてもらえないともいわれるが、あのおばさんはその後どうしただろうか。

熊は、当時懸賞金つきのお尋ね者だった。やはり植林を害するのである。十二、三年生に生長した杉の皮を剝いで、木を枯らしてしまうのだ。皮を剝いでおき、そこからしたたる樹液に蟻の集まるのを待って舐めるのだ、などといわれるが、それはできすぎた話で、木のアマハダ（内側の柔かい皮）を直接食うのであろう。賞金は県の林務課と森林組合が用意しているということだったが、誰かがそれを獲得したという話は聞いたことがなかった。そのころすでに、ツキノワグマは絶対数が少なかったのである。

その姿を見ることはまれだったが、ときどき木の肌に爪跡を残していることはあった。それは彼らどうしの信号だともいわれる。広大な山々に散らばって、ほそぼそと生存しつづける熊と熊との関係、なかんずく彼らの恋について、私は思いをはせたものである。つまり絶対数が少ないなかで、配偶者にめぐりあうのも大変なのではなかろうか、と。

山中に小屋を建てると、そこに近寄ってくる動物もいる。まず訪れてくるのは、野鼠（カヤネズミ、ヒメネズミなど）だ。それらはイエネズミと比べると、小型で痩せてもいる。が、しばらくすると肥満してくるのは、人間の食物の恩恵に浴するからである。

ムササビ、テン、イタチなどは、たまのお客さんといったところだ。いずれも山小屋にある穀物や魚などがお目当てなのである。寝ている枕の近くを、テンやイタチが走りぬけることもあった。あるいはムササビがどこかの木の梢から屋根に飛翔してきて、煙出しから小屋の中を窺っていたこともある。暗闇でも眼がきらりと光るので、ムササビだとわかるのだ。

西ッ谷は、とりわけ狸の多い山だった。彼らはまた、私が炭を焼いていたころからの馴染みでもあった。夜になると、炭焼小屋へもしょっちゅう来ていたのである。風のない冬の夜更けなどには、林の奥から狸の近づいてくる気配が、かなり離れていてもそれと察知せられた。かすかな足音と、息遣いとも啼き声とも判別しがたいような、ひそやかな響きが聞こえるのである。それは、フォン…フォン…フォンというふうに、二、三秒の間隔をおいて伝わってきた。小さな鼓を爪先でそっと弾くような響きである。狸が鼻を鳴らして、落葉を吹き、ミミズなどを探しているのだ。それが空間を伝わると、透明な音に変化するのである。私は炭窯の口焚きをしながら、あるいは囲炉裏のそばで本を読みながら、それを聞いていた。こちらが咳払いでもすると、音はぴたっと止み、しばらくするとまた、フォン…フォン…とやりはじめるのだった。

その狸は、まるで炭焼小屋から私にくっついてきたかのように、大勢が住む造林小屋をも訪問した。人間が寝静まった夜更け、小屋の周囲をうろついて、捨てられた食物の屑などを漁るのである。朝になってみると、軒先の霜柱を踏みつけた花模様の足跡が残されていたりして、彼らの来訪が知られるのであった。

冬のあいだは遠慮深く行動している彼らも、早春になると大胆になってくる。クロモジの木が小粒の黄色い花をつけると、狸は呆けて浮かれるのだというふうにいわれている。それはつまり彼らの恋の季節なのだ。小屋の周囲でも、枯草をざわざわと鳴らして駆けめぐっていた。雄と雌が戯れているのか、あるいは雄どうしのさやあてであろうか。

動物たちが小屋に興味を示すのは、山中に餌が少なくなる秋から春先にかけての期間である。したがって、冬眠をするアナグマはそのなかには加わっていない。アナグマまたはササグマとはいうものの、熊の仲間でなく、大きさや生態が似ているところから狸と混同されることもあるが、イヌ科でもなくてイタチ科の動物なのである。鋭い爪でもって穴を掘るのが得意なので、われわれの地方ではツチカイとも呼ばれている。数が少なく、姿を見る機会はめったにないが、子供のころ罠で捕えたものをしばらく飼っていたことがあった。西ッ谷では、雨の日に下草刈りをしていて、草叢で死んでいる仔を拾ったことがある。五月なかばの季節、そのアナグマは、まだ掌に載るほどの大きさでしかなかった。

悧巧《りこう》者の狐は、獲物が減少してゆく森林に、早々と見切りをつけたようである。彼らには、奥山でよりも里近くで出会う機会のほうが多くなった。畑作物や農家の鶏などを狙うのである。そのころ、和歌山県では植林苗を喰い荒らす野兎退治のため、天敵である狐を放ったことがあった。だがそれも山には棲みつかず、ほとんどはふもとの里近くへ下ったようである。西瓜など農作物の被害がふえて困っているという話を聞いた。山を去るのは人間ばかりではなかったのだ。

さまざまな野鳥もまた、われわれの目や耳を楽しませ、山中の単調な生活に彩りを添えてくれた。

なかでも忘れがたいのは、昭和三十九年の秋、西ッ谷の空に、数日にわたって展開された野鳥の乱舞の光景である。数百羽とも思われる群れが、ある日忽然としてあらわれたのだ。アオバトやカケスが多かったが、そのなかにキツツキやヒヨドリなども混ざっていた。鳥たちは空を飛び交い、あるいは木の梢に鈴なりになって羽根を休めていた。そのような大群集に出会ったのは、その年一度かぎりのことで、理由はわからないまま、一つの異変として印象に残っている。

昼間の経験もさることながら、山小屋で暮らしていると、夜に鳴く鳥の声に心をそそられる。コノハズクは、プッパン・プッパン、と単調にくり返し、フクロウは、ゴロスケ・ホッ・ホッ、と鳴くが、はじめは大きく、しだいに小さくなってゆく。それはあたかも遠ざかってゆくように聞こえるが、じつは獲物を油断させるための擬態なのである。また夜中に眼が覚めて、ヒィーヒョーという、どこで鳴いているとも定かでない幽《かす》かなトラツグミの声を聞くと、気の遠くなるような寂蓼《せきりょう》感をおぼえた。

初夏の緑が濃くなる季節には、ヨタカが渡ってきた。この鳥は小屋の周囲に居坐ることが多い。人間の住いの近くには、便所や水溜りがあり、ヨタカの食餌であるハエや蚊などもよく発生するからであろう。夕暮れから夜にかけて、キョッ・キョッ・キョッと疳高《かんだか》く鳴き、たくさんでいるときは、睡眠の妨げになるほどやかましかった。

仕事をしていると、そばにやってくるのもある。雀によく似た小鳥で、確信はもてないが、標準名ではノジコといわれるものではないだろうか。木を伐ったり植えたりして地面を踏み荒らすと、落葉の下に隠れている木の実や虫があらわれるので、人間の近くに来てそれをついばむのだ。夜道を歩いていてもついてくるのでオクリスズメとも呼ばれている。姿が見えないまま、闇のなかを、チン・チン・チンという可憐な声だけが、前後して山道を行くのである。

ある林業技術指導員の肖像

Fさんは、林業技術指導員という肩書をもち、造林事業の現場を統括していた。事業計画を立案し、現場を測量して図面を書き、労働者を募集することなどが彼の仕事であった。事業が始まると、仕事の仕様を労働者に指導し、作業を監督し、請負金額を決め賃金の支払いも行なった。われわれがリンセリをするときは、主としてFさんが相手だった。そのほか森林組合が委託している農家の苗木栽培についても指導した。それらの仕事の範囲は西ッ谷だけでなく、組合の関係するすべての山林におよんだ。

当時Fさんは、六十歳近い年齢であったかと思う。痩せて小柄な男だが、山を歩くときはすこぶる健脚だった。「白菊号」と名づけた雌の紀州犬をいつも連れて現場を見廻り、ときには山小屋に泊まった。Fさんが近野森林組合に勤務するようになったのは、昭和三十二年のことである。植林がさかんになりつつあった時代で、その経歴と見識を期待されてきたのだった。以来四十五年に退職するまで、三〇〇〇ヘクタール以上の造林にたずさわった。

Fさんは、大正七年日高《ひだか》農林学校（和歌山県）卒業とともに、田辺営林署に勤めた。その後、船津《ふなつ》営林署（岐阜県）をへて、神奈川県庁に入った。仕事はもちろん造林関係である。五〇ヘクタールの苗圃《びょうほ》を管理するとともに、県行造林を指導した。当時の神奈川県では、紀元二千六百年を記念して、二六〇〇ヘクタールの造林が計画されていたという。太平洋戦争の激化につれて造林が頓挫した後は、木炭生産事業にたずさわった。空襲で横浜の家を焼かれ、昭和二十年七月九日にふるさとの和歌山に帰ったが、それはちょうど和歌山市街が焼かれた日でもあった。その後は、民間の林業関係の仕事をしたり、県の林業改良普及員として勤めたが、昭和二十八年にはまた請われて、宮崎県のユーカリ試験苗圃へ赴いた。当時、生長の早いユーカリを、造林樹種としてわが国土に定着させるにはどうすればよいか、というのが林業界の一つの課題であった。

つまりFさんは、造林一筋に生きてきた人であった。それはまず優秀な種子の選別から始まる。さらに苗木の育成、植林、撫育と長い年月がかかるわけだが、Fさんは試験場での研究だけでなく、それを現地に適応させることを仕事とした。近野森林組合に来てからは、林地土壌の改良にも取り組んでいる。「瘦悪《そうあく》林地改良事業」ということで国の補助を受け、ヤマモモやヤシャブシを植えた。このような根瘤植物は土地を肥やすのである。あるいはその土地への適応の実験として、テーダーマツ、センペルセコイア、ハンテンボクなども植えた。その成果が判明するのは五十年先のことだと言いながら。

杉や檜の苗木の育成については、とりわけ熱心だった。Fさんの指導で実験苗圃がつくられた。まだ一般には、活着さえすればどんな苗木でもかまわない、という考え方が支配していた時代である。よい山林をつくる決め手は苗木にある、ということから彼は教えねばならなかった。苗圃から山へ移す途中の苗木の管理、植栽方法、その後の手入れなど、いつも相手が納得できるよう理論的に説明した。労働者にとってときには煩わしくも感じられるほどだった。しかし後になって、私自身大規模な造林事業を任されたおりには、Fさんから学んだことがずいぶんと役に立ったのである。

よい山林をつくって後世に残すこと、それがぼくの生甲斐なんだ、とFさんはよく言っていた。リンセリのときにはわれわれはその言葉尻をとらえて、働く者を大事にしないでよい山林ができるはずがない、などと責めたものである。それは当然だ、とFさんはうなずいた。青年たちが仕事にまじめに取り組んでいることは彼も認めており、待遇についても理論的にすじの通ることであれば、受け入れようという態度であった。苗木を運搬する女性たちに対しても、重い荷物については、言われなくても賃金を増すなどして、思いやりのあるところを示した。

Fさんの趣味は渓流の魚釣りで、ことにコサメ（アメノウオ）釣りの腕前に関しては、右に出る者はいなかった。土曜や日曜はもちろんのこと、平日でも勤務が始まるまで、朝駆けで釣りに行ってくるのだった。フキノトウが顔を出す二月から、合歓の咲きはじめる六月ごろまでがシーズンである。朝から夕方まで一日たっぷり時間をかけると、一〇〇尾以上あげることも珍しくなかった。たんに釣り上手というだけでなくて、季節や天候や水かさ、あるいは時間帯などと魚の生態との関係を理論的に解釈できるのも、彼の持味といえた。

そんなFさんの経験と知識を頼りに、昭和四十一年には、森林組合がウズラ谷に設備をもうけてコサメの養殖を手がけた。人工孵化によるコサメの養殖は全国的にもまだ実験の過程にあり、営利事業としては他に先んじての出発だった。造林の第一線から退いたFさんは、谷峡の養魚場のそばの山小屋に住んで、孵化の失敗や病害や谷川の氾濫などに悩まされながら、魚との生活に明け暮れていた。その養殖事業は後に民間に移され、規模も拡大されて現在も営業を続けている。

Fさんに奨められて植えたヤマモモの木が、私の庭で今年はじめての実を結んだ。改良品種の種無し柚子は、もう三年ほど前から食卓にのぼっている。そして和歌山市内に住むFさんは、八十歳をすぎて、いまもご健在である。郊外に山を手に入れて、自分で木を植えに通っているという。十五年たったら床柱がとれるだろう、その床柱を使って隠居部屋を建てるつもりだ。そういう言葉が強がりとも思えないほど、Fさんは達者だ。翁が生涯かけて手がけてきた植林は、広大な面積にのぼるだろう。それらの木は、人が世を去った後にも生長しつづける。つまり志は生きて残るのである。

山を去る若者たち

昭和三十五年末に、最高二三名を擁した青年作業班も、翌年の秋ごろからは脱退者があいつぎ、三十七年のはじめには一三名に減った。班内に内紛など人間関係のもつれがあったわけではない。作業班を脱退した者は、例外なく山仕事にも見切りをつけたのである。

はじめはまず十代の年少者からやめていった。仕事に不馴れで体力もまだ備わっていなかった彼らは、なによりも労働のきびしさにねをあげたのである。つまり山仕事がどういうものかということがわかったわけだ。はたちを越えた者で、転職してゆく者もあった。さらに三十七年にかけて、一人また一人と櫛の歯が欠けるように仲間たちは山を去っていった。

世は経済の高度成長時代に入っていた。三十六年には山村の一般家庭でも電気冷蔵庫や洗濯機、掃除機などが使われるようになり、テレビもぼつぼつ普及しはじめた。もちろん白黒テレビだが、山に囲まれた里では、屋根のアンテナでは映像が入らないので、「テレビ組合」なるものをつくり、山の頂上へ共同アンテナを立てたりした。都会の情報がじかに眼に映るようになったわけである。都会と田舎との格差をはっきりと見せつけられ、それはますます拡大すること必至であった。町へ出ればいろんな仕事を選べるとあって、電灯すらないような山小屋でいつまでも辛抱するなど、馬鹿らしく思うのが当然である。

あっさり転職してゆく者もあれば、選択に思い悩む者もあった。迷うのは年老いた親をどうするかということや、わずかな田畑を捨てかねたからである。仕事場や山小屋でも、よくそのことが話題になった。田舎にいてなんとか活路を見出す方法はないものだろうか。当時の自治体や農協では、梅の栽培や肉牛の飼育などを奨励していた。牛は広い山地を利用して放牧しようというものである。実際に手がけてみる者もいたが、資金が微弱なために小規模から始めねばならず、やがて貿易の自由化が進み、農産物の輸入が拡大する過程であえなく潰えてしまった。

昭和三十八年、作業班は七名に減っていた。転出組の就職先は、町内が七名、町外（田辺市、和歌山市、大阪府など）が九名という内訳であった。町内での就職先は、町役場、森林組合（職員）、農協、郵便局など、公務員または地方公共団体職員である。町外に転出した者の新しい職業は、工員、セールスマン、商店員、ホテル従業員、大工見習、調理師見習、などであった。

美術愛好家で「図書係」だったMも転出組に加わった。昭和三十七年、彼はすでに二十四歳だったから、仲間のうちでは決断が遅いほうだった。年老いた母があり、いくらかの田畑をもっていたから、長いあいだ逡巡した末の行動だったのである。Mは嫁いでいる姉を頼りに大阪に出て、それから仕事を探した。はじめの一年間ほどは、ミシンのセールスなどをしていたが、やがて気に入った仕事を見つけると、田舎の家や土地を売り払い、母親を引き取った。

最近私はそのMに会う機会をもった。現在ある中堅どころの運輸会社の支店長である彼は、都会の女性と結婚し、新築のマイホームも手に入れて、すっかり町の生活に定着していた。Mは往時をふり返って、あのときよく決断して転職したものだという。それにしてもいまも忘れられないのは山の労働のきびしかったことだといい、それに比較すれば、都会での仕事など容易なものだと述懐するのである。困難に直面したときは、むかしの辛かったことを思い出して、それを乗りこえてきたともいう。

転職組のなかから、ふたたび山の仕事に戻った者は一人もいない。なかでもMや、二十三歳で調理師見習に入り、いまでは寿司店を経営しているDは、いわば成功者であるが、他の連中もそれぞれ堅実な生活を営んでいて、失敗して脱落した例はないのである。Mの述懐のように、西ッ谷での苦労の経験が、その後も彼らを支えてきたといえるのではあるまいか。

一方、山に踏み留まった者も、それはまた逡巡したうえでの一つの選択であったといえよう。ほとんどは家を継いで親の面倒を見なければならない立場の者ばかりだった。われわれはそこにある生活の基盤を守ってゆくことのほうに賭けたのである。リーダー格であったTは、恋人との生活に夢を託して、里に念願の新居を建てた。そのときは、残っている仲間がみんなで棟上げを手伝って祝福した。そして去る者が去ってしまうと、残った者はそれなりに落ちつきを取り戻すのだった。

作業班の人数が少なくなったので、西ッ谷の造林には、べつの新しい顔ぶれが繰り込んできた。同じ里に住んでいる、いずれも中年以上の人びとばかりである。最高時は三〇名近い大所帯になった。彼らはうまの合った者どうしで、二、三名ないし数名で組をつくった。作業班は従来どおり、全員（七名）が一組として共同作業を行なった。つまりいくつかにわかれた組のなかの一つということになったわけだが、若手ばかりがそろっているうえ、ほかの連中は臨時だが、作業班だけは常傭いで、西ヶ谷造林の主力であることには変わりがなかった。

三十九年、Tは地元の神社で結婚式を挙げた。新妻を里に残しての山小屋住いというわけで、彼は三日にあげず里と山とを往復していた。われわれもまた身を固めねばならない年ごろで、Tにならって新居を建てる計画の者もあり、みんな一生懸命に働いた。レジャーブームなどと騒がれていた時代だったが、旅行もギャンブルもバー、キャバレーも、あるいはパチンコすらもわれわれには縁遠い世界のことであった。よく働き、つましい日常に耐えて、生活の基盤を固めることに精を出したのである。

銭を稼ぐだけでなく、よい仕事をすることをも誇りとしていた。年期を重ねて、道具を使う手並みもそれぞれ見事なものだった。作業には個人の癖や性格が反映される。たとえばLは華奢な身体つきをしていたが、その地拵えの跡などは、箒ではいたようにきれいだった。すると他の者も負けじと作業に精を出すのである。後にはチェンソーや下刈機が使われるようになって、鎌、鉈、鋸などの道具は面目を失うが、作業班には、道具使いの最後の職人がそろっていた。それぞれ愛用している道具を研ぎすまし、一刀両断の切れ味をきそったものである。

西ッ谷造林が始まって最初の一年間ほどは、まだ炭焼きがいたが、やがて造林に追われるようにして引揚げていった。ついでパルプ材を伐り出している業者も事業を終え、架線も撤収された。それによって苗木の運搬も、里から現場までまるまる肩で運ばねばならなくなったのである。植林が始まる二月には、苗木の梱包を背負った里のおばさんが、列をなして登ってきた。荷物を持つと、一往復半日がかりの道程であった。

植林は、昭和三十五年から毎年二〇～五〇ヘクタールの範囲で進行し、四十年には、総面積一八〇ヘクタールのうち、崩壊地や崖など植林不可能な部分を除く一五三ヘクタールに完成をみた。ちょうどその年には、果無山の造林が決定し、作業班はその下準備にとりかかった。

植林がすんだからといって、西ッ谷の仕事がそれですべて片づいたわけではない。下草刈りなどの撫育作業は、それからも数年後まで毎年続けられるのである。だが作業班は果無山のほうに専念することになり、こちらはべつの人びとが仕事を受け継いだ。やがて木の生長につれて、先に植えた部分から手入れはあがってくるから、年ごとに仕事量は減ってゆくわけだが。

現在の西ッ谷は、樹齢十四〜十九年の杉と檜の森林である。土地の肥えたところでは、四、五寸角の柱材がとれるほどに生長しているわけだ。今年（昭和五十四年）はまた、何年ぶりかで下草刈りを行なったと聞いた。山小屋も荒れ果ててしまっているので、人びとは長い道程を里から通って働いたという。伐採を二十年後とすれば、そのとき私は六十歳を越えている勘定になる。自分の植えた木を自らの手で伐るということにはたぶんならないだろう。

第三章　果無山脈の主

近野振興会のこと

西ヶ谷の植林が終わりに近くなった昭和四十年五月、地主である「近野財産区」は社団法人へと衣替えして「近野振興会」と名乗った。財産区については前にも少し述べたが、旧・近野村が隣接村と合併して町制に移行した際、村有財産（主として山林）を受け継いだものである。財産区というのは地方自治法に定められた団体で、議員も公職選挙法にもとづいて選ばれる。主権者は近野住民だが、執行責任者は中辺路町の町長であった。それが社団法人組織へと形態を変えたのは、財産区というものと町当局との機能分担が曖昧で、いわば過渡的な制度であり、地域の社会事業などを行なうについても、なにかと不都合をきたしたからである。

社団法人「近野振興会」が発足にあたって所有していた山林は一七五〇ヘクタール（当時評価額一億七五〇〇万円）であった。会員は一戸一会員とし、会員数は四三〇人（戸）を数えた。一年に一度総会を開いて、事業決算と事業計画が採択され、三年に一度役員選挙も行なわれることになった。

近野地区は山林占有率九〇パーセント以上という状況下にありながら、その所有は不在地主など一部の大山林家に大きく偏っている。そのなかにあって、振興会の所有する山林は、地域住民に直接利益をもたらす最大のものといえた。山林管理と利益の運用について、近野振興会のとった方法は、かなり合理的で、いわば一つのモデルケースとも思われるので、少しその内容に触れてみたい。

社団法人の発足にあたって、当時の会長理事は挨拶でつぎのように述べている。

「この法人の根源をなす故郷の山々が、我々の父祖が風雪に耐えて、この大きな恵みを地域に残していることを思うとき、法人の運営に当たる者は、現実がいかにきびしく、また苦しくとも、この基本財産を時々の糧としてのみ食うことのないよう、私達もこれを育て培い、子孫に引渡す義務と責任を強く自覚し、千万年の夢と計画をおりまぜてゆくことを、常に忘れないように心がけたい。（後略）」

つまりここでは資産を守ってゆかねばならないことが強調されているわけである。立木は伐期《ばっき》がくれば売却される。しかし土地を貸与することはあっても、これを売却してはならない、ということが前提とされた。ほかの地域では、共有地を売り、金を分配するなどして、資産を失っている例も少なくないのである。振興会の所有地の約三四パーセントは、直営で造林を行ない、残り六六パーセントは地上権を設定して貸与していた。貸与している相手は営林署と森林公団、それに会員の有志である。

貸与期間は基準五十年間とし、立木を売却した際には、貸与地代として売上げの二～五割を振興会が受け取るとともに、土地も返還されるのである。この制度は大正年間すなわち旧・近野村の時代から行なわれており、すでに伐採されている山林もあった。

会員を対象として貸与する場合は、希望者を募って入札が行なわれた。首尾よく落札した者は、その金額を権利金として振興会に支払うのである。この場合はなるべく多くの会員に地上権が行き渡るように、山林は一ヘクタール前後に小区分された。それを分口山《ぶぐちやま》という。たとえ小面積とはいえ、山林を持っているというのは心強いことなので、地上権の入札はいつも盛況だった。造林は権利を手に入れた者の責任で行ない、何十年か後に林木を売却したときには、もちろん地代を収めるのである。

権利金、地代、直営林を伐採した売上げ、それらが振興会の主な収益であった。

あるいは里近い原野を果樹園として会員に貸与している部分もあり、わずかだがそこからの地代も見込まれた。

財産区当時は執行事務を町役場で行なっていたが、社団法人になってからは、独自の事務所に専務理事をもうけ、造林の技術担当職員を傭った。年間の事業規模は、一部を抽出すると、昭和四十年度は一四六〇万円、昭和四十七年度は四八六〇万円、昭和五十三年度は六七六〇万円、と推移して今日にいたっている。なおこれらは通常事業であって、このほかに果無造林や盆栽苗圃などは、べつに特別会計事業として運営された。

振興会の事業の一つの柱は、管轄下の山林資産を守り増殖させることである。主として直営林の植林と撫育に力がそそがれた。いま一つの柱は、地域の環境整備と、教育振興と、会員の福祉向上であった。

環境整備については、農道や林道の新設をはじめ、工場を提供して町の中小企業を誘致するとか、婦人会、青年団、消防団など各種団体に助成金を出すなどがなされている。あるいは車庫を提供することによって、国鉄バスの便数をふやしてもらったり、警官派出所に単車を買うなど、僻地ならではの配慮もせねばならなかった。

教育振興に関しては、高校進学者への奨学金貸付（四十年度月額二〇〇〇円）、学校給食費の補助（生徒一人年額三四〇〇円）、学校の設備や教材への助成などが行なわれた。校舎を増改築したり、プールをつくったりするのにも負担金を出し、いわば本来自治体がなすべきことを、町財政が微弱なために、振興会が肩替わりしている面が多かった。

福祉面では、保育園への助成とか、老齢年金の支給、医療費への補助などが主な支出であった。週に一、二度歯科医をよぶために、振興会で診療器具を買うなどのこともなされた。医療費への補助は、国民健康保険による三割の自己負担分を、振興会から支出するという制度である。これは相当に金額がかさむもので、現在では一カ月の治療費のうち、二〇〇〇円までを個人負担とし、それ以上になると会が面倒を見るということになっている。

現在これらの経費は、財産収益だけではまかなえないので、制度資金を借り入れるなどしており、振興会の運営も容易ではないようである。その原因の一つは、管轄下の山林がまだ若いからで、それらが伐期に達する時代には、財政もはるかに豊かになるものと思われる。

なお、会員の資格は、地域にひきつづき三年以上居住した者とされている。結婚などして世帯がべつになれば、新しく一会員として登録される。ほかの地域では既得権を守るために、後からの居住者はいつまでも会に加えないというものが多く、それに比べると、近野振興会の場合はより開放的であるといえるだろう。

果無山脈に山林を買収して造林を行なうという計画が具体的に動きはじめたのは、振興会が発足した昭和四十年のことだった。西ヶ谷など大規模な植林はほぼ終わり、新たに住民の仕事を開拓する必要にせまられていたのである。また時代の景気上昇を反映して、山の値段も動いており、買収しておけば損はないだろう、という見通しもあった。

だがかなり大規模な事業なので、振興会単独では不安があり、近野森林組合との共同で、これに当たることになった。森林組合というのは、地域内の山林所有者の団体で、振興会もその有力な株主なのである。当時果無山脈のその部分はある地主が所有しており、彼はそれを担保にして、農林中央金庫に約八〇八〇万円という借金があった。その負債をこちらがそっくり引き継ぐという条件で、果無山脈の一部分（十津川村字上湯川《かみゆのかわ》二八七ノ七二ほか二筆）六五三ヘクタールの買収が決まったのは、四十年十一月のことである。

造林事業にあたって、振興会と森林組合合同の委員会が設置された。事業費は「果無山特別会計」なるものをもうけて、すべて系列の金融機関からの借入金でまかなうこととした。振興会にも森林組合にも、通常会計からそちらへ支出するようなゆとりはなかったから、いわば素手空手の出発である。そのうえ農林中央金庫の負債は毎年利息とともに返済してゆかねばならない。振興会も果無山に限っては財産として長く保持できるという見通しはなく、適当な時期に売却して利益をあげようというもくろみだったのである。

山林買収とその前後

果無山脈は登山家にも名を知られた山である。四十六年の和歌山国体には登山部門のルートにも選ばれた。元来は十津川村平谷《ひらだに》から田辺市奥地までを果無山脈の範囲に含むとされているが、そのピークは西の和田森《わだのもり》から東の果無まで、直線距離にしておよそ二〇キロにおよぶ。標高は一〇〇〇メートル以上、最高部の冷水山《ひやみず》で一二六一メートルという、牛の背のようななだらかな尾根が連らなっている。地図のうえでは奈良県に入っているが、旧式に解釈すると、和州と紀州を隔てる尾根ということで、いわば国境と考えるほうがわかりやすい。大和盆地と紀州海浜を結ぶ古道、小辺路《こへち》も、果無の鞍部を越えているのである。

「ハテナシ」とは大げさな名前である、とある登山案内書には記されている。しかしそれは「果てしない山」という意味ではないらしい。ハテナシの名前はある伝説に由来しているという。昔、この山にはいっぽんだたらという怪物が棲んでいた。一つ目で一本足のその怪物は、ハテ（十二月）の二十日になると出没して、峠を越える旅人を襲って喰った。だからその日に限って、人の往来もナシ（なかった）というわけである。現在では自動車道がふもとを迂回して、小辺路も草に埋もれてしまっている。

果無山脈の南側の自然林は、すでにほとんど伐り尽されていた。第一次の伐採は、明治の末から大正年間にかけて行なわれている。「長谷川」という名古屋の木材業者が入って、主にクロキ（樅、栂）を建築用材として伐採した。それらはソマヨキ（杣斧）で角材に削り、キンマ（木馬）で川まで落とし、秋の降雨期を見はからって流送したのである。

その伐り跡には村外在住の山林家が山の中腹まで植林を行ない、現在では見事な森林となって、一方ではすでに伐採もされている。ところが、振興会などが買うはこびとなったナメラ谷流域だけは、その後も自然林のまま放置され、昭和三十年代になって、主としてパルプ材として皆伐された。ここも部分的に「長谷川」によるクロキの伐採と、人工造林の行なわれた形跡があるが、ほとんど手入れもされず捨てられていたのである。なにしろナメラ谷は果無南側の最奥部で、伐採するにも植林するにも手間がかかりすぎたからであろう。

この南側のナメラ谷は日置川支流だが、一方北側の大石谷《おおいし》、桑木谷《くわのき》は上湯川となり、平谷で十津川（熊野川）に合流しているのである。大石、桑木流域も、昭和三十年代のはじめに伐採が試みられたが、途中で事業が頓挫して、まだかなり自然林が残されていた。植林を行なう前に、それを伐採せねばならなかった。木材売却による収益が、山の価格のうちに含まれていたことはいうまでもない。

その木材の量を把握するための、毎木《まいぼく》調査も行なわれた。山を売買する場合は、現地を眺めて大ざっぱに見当をつける方法もあるが、ここでは立木の一本ごとにさしを当てて材積の調査をしたのである。森林組合と振興会の職員と作業班など一〇名ほどが、往復三時間以上かかる山道を通って、一週間ばかりを要する作業であった。樹種は、ミズナラ、シデ、リョウブ、楓、ネジキ、ブナ、欅、ヒメシャラなど亜高山性の落葉樹が多く、そのあいだに樅、栂、榧などの針葉樹も混ざっていた。なかには樹齢数百年生以上の巨木も聳え立ち、部分的とはいえ原生林の面影を残し、鬱蒼たる光景であった。

自然林の伐採は森林組合の手で始められたが、採算がはかばかしくないということで、民間の業者に、架線や山小屋などの設備とともに売却した。値段は三〇〇〇万円であった。四十一年秋から四十五年にかけて伐採と搬出が行なわれた。その一方から造林が進んでゆくのである。

果無造林計画の最初の立案者は、森林組合のF技師であった。周囲面積の測量、造林のための区分測量、標柱入れ、歩道敷設、山小屋建設等、Fさんの指導のもとにわれわれ青年作業班が行なった。四十一年七月から十月末にかけて、小屋ができあがるまでは、里からの通いであった。

果無山脈は私にとって、すこぶる好ましいところに思われた。山々は広大で、そこには自然の豊かさと荒々しさと、ふところの深さが感じられた。人里からは遠く、伐採されているとはいえ、まだ深山の霊気のようなものが残っていた。鳥や獣も多く棲み、林の下を行くと首筋にヒルが吸いついてくることもあった。便利で快適な場所に住みたい、家族とともに文化的な生活を楽しんで暮らしたいというのは、ふつう一般の人びとの願うことだろうが、私はその反対のことを欲していた。私は人家が軒を連ねている里よりも、自然のふところにくるまって生きることのほうが性に合っていた。これから何年間かは、この果無山を自分の棲処とすることができるのだ。それは私にとって爽やかな喜びであった。

造林はまず南側から始められることになった。林道から現場まで、延長約二キロメートルの架線が張られた。生活物資や苗木などを運搬するためのものである。その架線でまず山小屋の資材が運び上げられた。

小屋の敷地を水の豊富な谷峡の近くに定め、三〇名ほどを収容できるプレハブを建てた。あたりの林はほとんど伐り尽されていたが、山小屋のそばに一本だけ、樹齢数百年生とおぼしき栃の木が聳え立っていた。

設備としては、山小屋と林道の架線土場（搬出した木材を集めるところ）を結ぶ私設電話がとりつけられた。モーターによる自家発電機も設置された。燃料は西ッ谷では薪を使っていたが、ここではプロパンガスのボンベが運びこまれた。ただしストーブと風呂には薪を焚いた。

準備をととのえて、いよいよ地拵えにかかったのは、もう十二月に入ってからだった。メンバーは作業班の六名と、N班（リーダーがNさんだったからそう呼ばれた）の四名、それにカシキ（炊事係）をする年配の女性も加わり、技術指導員のFさんは、コサメの養魚場とのかけもちで、ときどき現場を見廻りにきた。

ナメラ谷の造林

四十一年度（四十一年秋の地拵えから、四十二年春の植栽までを含む）の造林は、三六ヘクタールだったものが、四十二年度には八二ヘクタールと面積が拡大された。労働者の人数も十数名にのぼった。またこの年度からF技師は勇退し、かわって振興会職員のOが現場の指導監督に当たることになる。Oさんは熊野高校の林業科の卒業生で、まだ独身青年であった。

造林現場は四、五年前に原生林を伐採した跡地である。そのうち頂上に近い部分や稜線の突起部分は、保残帯として自然林を残すことになっていた。山全体を伐り剝いでしまうと瘦地化するおそれがあり、また尾根などはもともと土壌も浅くて、植林をしても経済効率が悪いとされているからである。それに全体を杉や檜だけでおおってしまうと、自然のバランスを崩すおそれもあると考えられた。獣や鳥や昆虫などの棲息も、森林を構成する樹種によって、大きな影響を受けるのである。部分的とはいえ、せっかくの山林に金にならない雑木を残して植林をしないというのはもったいない、という意見もあったが、造林計画を立てたF技師は、保残帯の必要性を説いて譲らなかった。

尾根近くの一五〇メートルほどを保残帯として残し、地拵えはそこから下の部分に行なわれた。現場には立木は少なかったが、伐採された大木の末《うれ》がまだ腐らずに横たわっており、切株から芽生えした若木や、草、蔓、茨などの繁みが、地面を埋めていた。鉈、鋸、鎌などを使って、それらを伐り払い、一方に片づけていく作業方法は、西ヶ谷での地拵えと同じである。

一ヘクタール当たりの請負単価は平均して五万三四〇〇円で、一日の稼ぎは四〇

○○円程度になった。昭和三十六年、西ッ谷におけるそれは一〇〇〇円前後だったから、七年間に四倍にふえたことになる。しかし西ッ谷時代に比べると、仕事の腕前を上げており、時間的にもより以上働くようになっていたから、単純に四倍増したとはいいきれない。ちなみにこのとき大工の日当は標準で二五〇〇円だった。

そのころEという十八歳の少年が雑役として傭われていた。彼の日当は一一〇〇円であった。Eの主な仕事は、食料品などを林道から山小屋まで運搬することだった。架線はあっても小荷物を上げるたびごとに使うわけではないのである。その仕事のないときEは、小屋の近くで一人だけで地拵えをした。われわれと同じ五万三四〇〇円の請負でやってみたが、彼の場合は結局一日一〇〇〇円を稼ぐこともできなかった。地拵えという作業も、熟練者とずぶの素人とでは、それほどの差が開くのである。

四十三年春の植栽の時期には、さらに人数がふえた。つまり季節を限られる作業なので臨時傭いを入れたのである。植栽は一ヘクタールにつき三〇〇〇本だから、八二ヘクタールでは二四万六〇〇〇本ということになる。一本の植え賃は七円で、一人一日四〇〇～五〇〇〇本を植えた。

苗木はまとめて架線で運び上げ、山の中腹に畑を開墾し、そこにいったん仮植してあった。

畑から植栽地までは、めいめい自分の植える苗木を梱包して肩で運んだのである。苗木は杉、檜ともに、丈は三五センチから五〇センチ程度で、大小によって重さや植える手間もちがってくる。朝に苗木を持つときは、なるべく小さい苗をとろうとして必死になるのだった。また植えるときも、自分のノルマを早く終わろうとして、競争のようになった。仲間意識のある集団であれば、互いに譲り合ったり助け合ったりするのだが、そのとき限りの臨時傭いの者もおり、足並みがそろわなかったのである。

なかには粗雑な仕事をする者もいた。植え方が悪ければ苗木を枯らしてしまうことにもなりかねない。たとえ枯らさないまでも、苗木の間隔や鍬の入れ方などに、後の生長を配慮しなければならないのである。植えた木は年ごとに変化し、生長をとげてゆく。それにつき合って生きている者にとっては、いっときの稼ぎを手にすればよい、という態度を見るのは残念であった。もっとも一日に五〇〇本も植えるということ、しかも一本につきいくらという賃植えの方法そのものにも問題がある。

それは事業者が経費を安くあげようとして、出来高制にしているわけだが、せめて植栽だけは、労働者が落ちついた気持で、十分手間をかけられるやり方をとるべきではないだろうか。その木の一生は、植え方によって決定づけられるのだから。

植栽が終わると、つぎは前年度に植えたところの下草刈りである。果無山脈は八合目あたりから頂上にかけては、スズタケの繁みにおおわれており、下の部分はクマイチゴなどの茨が多かった。地下足袋をはき、ズボンのすそには脚絆をつけているのだが、それでも腿などによく棘が刺さった。

またそこはとくべつブヨの多いところだった。伐採された朽ち木から発生するからだろうか。しかも大きなやつだったから、われわれはよく冗談に、果無山のブヨは牛の仔ほどある、などと言ったものである。雨の日や夕方になると、群れをなして執拗にまとわりついてくるのだった。ときにはあまりのすさまじさに耐えられなくなり、仕事を放り出して逃げ帰ってきたこともあった。ブヨ除けの方法としては、カッコといって、木綿を縒《よ》ったものに火をつけてくすべてみた。また後には、虫取り線香を腰につける器具が売り出されたりした。それらはある程度の効果はあるのだが、果無山のようにブヨが多いところでは、あまり役に立たなかった。

下草刈りとともに、兎退治もやらねばならなかった。野兎は植えた苗木の穂を餌食みするだけではなくて、食いもしないものまでもちょん切ってまわるのだ。そして背丈が届かないほどに木が生長すると、こんどは幹の皮を剝いで木を枯らすのである。まるで悪意をもって造林を妨げているかのようだった。

Bという罠掛けの上手な人が傭われて、それに専念することになった。細い針金の罠を、植林地に張りめぐらすのである。毎朝Bさんは腰に針金と鉈とをたばさんで、山へ出かけた。彼は鳥や獣や魚など生き物について、いろんなことを知っていた。糞や足跡を見て、たとえばそれは猪のものだということがわかるだけでなく、何時間前にここを通ったか、大きさはどれくらいか、どの方向へ行ったか、あるいはそいつはどんなことを考えていたか、ということまで説明することができた。不思議な知識と勘を持ち合せており、それだから兎退治の実績も上々だった。

兎罠には、ときどきヤマドリもかかった。ヤマドリはよく兎の道を通り、背の高さもほぼ同じだからである。兎の肉もまずくはないが、ヤマドリのほうはきわめて美味い。夕方Bが獲物をぶらさげて帰るのが、われわれには楽しみだった。

ナメラ谷の造林はさらに継続されて、四十三年度には四七ヘクタール、四十四年度には一二ヘクタールを植え、四年間に全山三〇五ヘクタールのうち、一七七ヘクタールの植栽を終えた。残りの一二八ヘクタールは、崖や崩壊地など、植林不可能な部分と保残帯である。

果無山の場合、崖は谷峡に近いふもとに多かった。中腹から上部のほうが、斜面がなだらかで土壌も深いのである。また山地の崩壊は自然林を伐採して数年後によく起きた。つまりそれまで土を支えていた木の根が朽ちるために、地すべりを引き起こすのである。崩壊地の跡は地肌もむき出しになり、もはや植林もできなかった。

地拵え作業の一日

つぎにナメラ谷における地拵え作業の一日を、当時の日記から再現してみたい。昭和四十二年十二月一日の模様である。

——四時起床。他の連中はまだ寝ているが、今朝は私が当番なのである。つまり朝はカシキのおばさんの仕事が忙しいので、交替でそれを手伝うのだ。一回につき二〇〇円の手当てがつく。

もう大釜の中で飯が煮詰り、味噌汁がいつもの朝と同じ、あたたかく懐かしい匂いを漂わせている。丸顔で小柄なおばさん（五十五歳くらい）は、流し場で漬物を切りながら、朝がた便所の方角で変な物音がして怖かったと言う。バタンバタンて鳴っとったよ。なんの音やろ、小便したかったけど、さびしいてよう出て行かなんだ、と。

発電機を廻して電灯をつけるのも当番の役目だ（それまでカシキはローソクの明りで仕事をしているのである）。発電機は、飯場の外に小さな建物をつくって入れてある。外は暗く、懐中電灯をともして出かけた。栃の木が屋根の上に黒々と大枝を拡げ、その梢に星がある。寒い。凍てのために発電機は始動しなかった。何度も紐を引いて腕がくたびれた。

やむをえずカーバイトランプに火を点けた。その明りで、アジの干物を焼き、一四人分の弁当箱に飯を詰めた。それで当番としての仕事は終わり。五時近く、通路の両側の棚ベッドから、男たちが這い出してくる。朝食のメニューは、飯、味噌汁、たくあん漬、それに弁当のおかずの残り物の炒り大豆、生卵。

今日も現場は本谷の「ロ」林班《りんぱん》である。小屋からそこまでは、稜線を登り、山腹を横に辿っておよそ三十分の道程だ。五時三十分、私は仲間より少し早く、弁当袋とともに猟銃を持って出かけた。朝の薄暗い山道で、早起きの雉やヤマドリが餌を漁っているのに、ときどき出喰わすからである。騒ぎ立てないでそっと近寄れば、射止めることもできるのだ。だが今朝は山鳩すら見かけなかった。

南の方角のまだ暗い山頂に、灯火が二つ見えていた。眼を凝らしてみると、それらはかすかながら動いている。熊野灘の沖合を航海する船の灯だ。この山からは数十キロの彼方、船体は見えず、海も朝靄に遮られて空と見分けがつかない。強い風が鳴りひびいて吹いている。ここは山の八合目あたりで標高一〇〇〇メートルくらいであろうか。

現場に着き、焚火を始めていると、仲間の五人もやってきた。焚火で手を温めながら、下刈鎌と鉈を研ぐ。それから煙草をいっぷく吸って一斉に作業を始めた。

午前中の作業場は、立木はほとんどないが、伐採された木の末が積み重なっていて、前進を妨げられる。六人が山腹の斜面へ上から下へ縦に並んで、働きながら前進する。切断した木や枯草を一方に積んで片づけるのだが、枯木が厚く重なっているのに出会うと、仕事がはかどらないのである。薄い草叢だけの部分になると、しめしめといった気持だ。小さな谷を隔てた向こうの「イ」林班では、Nたちの班が今日から作業を始めた。N班は四人なのだが、一人は風邪で休んでいて、いま見えているのは三人だけだ。ときどきそちらを眺めると、太い木を抱いて持ち上げたり、枯れて固いやつを必死で叩くなど、彼らも難渋している様子である。

昼飯どきにはまた焚火をする。

昼飯のおかずは、アジの干物と炒り大豆の醤油漬と、たくあん。私はすこぶる健啖家である。人並みの弁当箱では足りず、いつも飯盒に八分目ほど飯を詰めてくるのだ。それを念入りに時間をかけてたいらげる。仕事が飯を食うのだと思う。

飯が三分の一ほどになったとき、おかずのアジはもうなくなっている。そこで残りの飯に醤油漬の炒り大豆を載せ、茶を入れて茶粥をつくることにした。焚火の上に置き、いっぷく吸いつけて待つ。やがてそれは沸き立ってきた。私はおもむろに飯盒を焚火から下して蓋をとり、熱いので新聞紙をあてがって持ち、ふたたびゆっくりと食事を再開するのである。飯盒は鉉《つる》のつけ根の片方に穴があいているので、そこのところを向こう側にしなければならない。箸でもって熱い流動物をたしなむように口に運び、そのなかに混っている大豆をていねいに噛みしめる。やがて粥の温もりが内臓から疲労した五体へじんわりと拡がってゆき、その束の間、幸福感のようなものを味わうのである。

昼食後は、枯れた草叢に寝ころんで小一時間昼寝。朝のうちの風が嘘のようにおさまって、暖かい陽射しが甦ってきた。カラスが啼く。すぐ近くの枯木にとまって、その羽音や啼くときの息遣いが荒々しく、押しつけがましく、眠りを妨げられる。それは啼くというよりも唸っているといった感じだ。

午後は立木のなかで働く。しかしその立木のあいだにも、伐採した木の末が縦横に横たわっていて、作業は午前中よりもさらに遅滞する。手首が捻挫でもしたかのように痛む。主として腕に負担をかける仕事を長く続けてきて、慢性の筋肉痛になってしまったのである。とくに寒い季節がいけない。痛みを我慢しながら憂鬱な気持で働いていると、下刈鎌の刃が石にあたって欠けた。

遠い山から銃声が聞こえた。今日は鹿猟の解禁日なのだ。

「ああ、今年は鹿のくちあけにも休めなんだなあ」とCが嘆息まじりに言う。

「鹿撃ちにはもってこいの日和や」とTが相槌をうつ。

作業班では、CとTと私の三人が狩猟免許をもっている。解禁日までに「ロ」林班の地拵えを終えようとして頑張ってきたのだが、間に合わなかったのである。銃声を聞くと、なんだかすべての獲物を他人にとられてしまいそうな、口惜しい気持だ。

四時三十分、作業終了。道具を置いていっぷく吸いつけながら、仲間たちと遠い山々を指して、あれはなんという名の山だ、とか、兵生《ひょうぜ》の集落はあの下のあたりにあるんだ、といった話をする。見飽きた山々、暗く暮れ沈んでゆく物音も色彩もない淋しい光景。また寒くなってきた。

小屋に帰ると、他の班の者が戻るのを待つあいだ、石にあてて欠けた下刈鎌を研ぐ。カシキのおばさんがそばへ来て、水道のホースが裂けている、とか、雑役をしているE少年が、わずかな稼ぎにもかかわらず、その金を使わず、親にもびた一文渡さず、貯金もせず、全部現金で持っているそうや、といった話をする。

「ほなもう一〇万円くらい持っとるかい?」と私が訊くと、

「そがいにも持ってないやろのう」とおばさんは言った。「お金は一〇万円ほど貯めるまではひまかかるんやぜ。一〇万円貯めたら、そこからむこうはわりと早いけど」

発電機が唸って、小屋に電灯がともった。夕飯のおかずは、高野豆腐と干シイタケの煮物、塩鯖の焼いたもの、たくあん。食事代は個人の回数を記帳しておき、月末の勘定から差引くことになっている。一食につきほぼ一〇〇円である。

飯の前に焼酎を飲む。焼酎をやるのは私だけで、ほかの連中は日本酒を飲んでいる。その代金も月末の勘定から差引かれるのである。

夜、交替で風呂を使いながら、ある者は洗濯をするし、ある者はストーブで身体を暖めながら、この事業所のことを悪しざまに言っている。親方や宿舎や食事を非難したり、作業が困難で儲からないなどと愚痴をこぼすことは、労働者にとって日常欠くべからざる慰安なのである。

一番端の部屋（そこは娯楽室になっている）で将棋を指している者、横合いから眺めて口出しをしている者もいる。私は食卓で二日分の日記をまとめて書いた。おばさんは、夜食に即席ラーメンを煮て（こんなことは毎晩ではない）、私の前に一皿を置き、奥の娯楽室へも運んだ。その後で一人が出てきておばさんに言う。「おばさんよ、ぜいたく言うて悪いけど、卵一つずつくれんやろか、ラーメンへ入れるんや」

「いま卵食べた人は、あしたの朝はなしやで」とおばさん。すると卵をとりにきた使者は、奥の部屋へどなって言うのである。「おい、いま卵食べたらあしたの朝はないんやとう。それでもかまわんのか！」

「かまわんよ、美味いものは宵のうちに食えちゅうわだ」という返事が返ってきた。

が、やがて彼らも寝てしまう。夜が更けるにつれて冷えこみがきびしくなってきた。私はストーブにあたりながら、井伏鱒二著『黒い雨』を読む。小便に出てみると、外の洗面所では飛び散った水しぶきが、あたり一面に凍っていた。風呂場のそばを通りかかると、食事の後片づけを終えたおばさんが風呂に入ろうとして、着物を脱いだところだった。

「すまんけど、水を汲んできてくれんやろか、熱うて入れんのや」とおばさんは言った。

私はバケツで洗面所に貯めてある水を運んだ。「すまんのう、また水道が凍ったらしゅうて、水が出らんのや」とおばさんが恐縮したように言う。裸形がまともに見えて、年に似合わず肌白く、立派なものだと私は思う。

寝る前に私は、手首にシップ薬を塗り、包帯を巻く。湿布薬の強い匂いに慰められて寝に就いた。

桑木谷・大石谷の造林

南側のナメラ谷の植林をほぼ完了して、事業が果無山脈の北側に移ったのは、四十四年の秋であった。それ以前四十一年に、他の町から県森連の作業員が入山して、南側と並行して地拵えを始めていたが、山火事を起こして途中で投げ出してしまったのである。結局北側もわれわれが主力となって、造林を継続することになった。

南側のふもとの林道から北側の造林小屋までは、冷水山の尾根を越えて、片道およそ二時間を要した。小屋は桑木谷と大石谷の間に突き出した、なだらかな稜線の丘にあり、見晴しがよかった。それは伐採や搬出の人びとが使っていたのを譲り受けたものだが、われわれは多人数だったので、さらに一棟を増設した。苗木や生活資材を運搬する架線設備も、木材の搬出に使っていたものを、そのまま引き継いで利用した。

伐採のほうは、三年間を費やしてもうほとんど終わりに近く、彼らはふもとの谷間に小屋を建てて、残り仕事を片づけていた。三年前われわれが毎木調査に入ったころは鬱蒼とした森林だったところが、すっかり裸山になり、枯れて白くなった木の末が捨てられているばかりであった。

飯場小屋からは、はるか下方に十津川村上湯川のあちこちに散在した家々が見えた。昔はそこの人びととわれわれの村とは、果無を越えて米を買いにきたり、婚姻を結ぶなどの交渉があったという。だが車道ができると、山越えの道はすたれて往来も絶え、いまではその集落にどんな人が住んでいるのかも知らなかった。果無は霧が多く、とくに秋の朝などには山腹から下をぎっしりと埋め尽して、上湯川の家々もその底に沈んだ。小屋から眺めると、山峡に霧は海原のように立ちこめ、その上に頭をのぞかせている山々は島影のような光景を呈した。

飯場は三棟の小屋を寄せ集めたものだった。南山のようなプレハブ建築ではなくて、壁は板張り、屋根はトタン葺きである。部屋は数人が蒲団を敷くことのできる広さのものから、三畳の小さなものまでいろいろだった。

この小屋では、テレビも備えつけられた。私にとっては山小屋生活はじめての経験だった。電気は軽油によるモーター発電である。洗濯機も入れられた。炊事用燃料はすべてプロパンガス、風呂は石油バーナー、ストーブだけは薪を使った。また南のふもとの林道の架線土場と小屋のあいだには私設電話がとりつけてあった。林道から荷物を上げるときや、非常時の連絡のためである。電話線の延長は、架線にほぼ等しくおよそ四キロほどであった。

現場の作業はまだほとんど道具によるものだったが、たまにはチェンソー（動力鋸）も使われた。事業主が共同作業用に二台備えたのである。伐採跡に捨てられた木の末は、ようやく枯れてもっとも固いころあいだったから、チェンソーも役に立った。伐採の作業ではもうずっと以前からもっぱらそれに頼っていたが、地拵えのほうではようやく使いはじめたわけである。だが道具使いを得意としてきた私などには、まだ馴染まない機械であった。

なお、四十五年には作業班のほとんどの者が自動車の運転免許をとり、それぞれ車を持った。いずれも中古車で、私のものなどはことにひどいポンコツだったが、ともあれ都会の自家用車ブームが、二、三年おくれて山奥までやってきたわけである。

山小屋の構成員

　現場責任者は、南のナメラ谷からひきつづいて振興会の技術職員のOであった。まだ三十歳になっていなかった彼は、この北山にいる時期に結婚した。彼の下に、補助監督のSがいた。Sさんは作業の見廻りをするほか、食料品を運び上げたり、ストーブの薪を挽いたり、カシキの用事聞きをするなど、飯場の雑役も兼ねていた。彼は四十代の背の高い男で、もとは伐採の職人をしていたのだが、腰を悪くしてきつい労働ができなくなったのである。現場ではこの二人だけがサラリーマンであった。

　カシキは寡婦で五十年配のAさん。南山で働いていたおばさんは、冬山の寒さが身体にこたえるといって暇をとり、かわりにそれまで伐採小屋にいたAさんを強引に説得して引き抜いてきたのである。山小屋のカシキをつとめるには、里に手のかかる家族がいないなど身軽で、しかも身体も丈夫でなければならなかった。また大勢の男たちの毎日の生活をとりしきるのだから、それにふさわしい気性と思慮も必要だし、山の環境に馴れてもいなければならない。だからカシキに適当な女性というのは得がたいのだった。その点Aさんは、聡明で性格も明るく、いわばカシキとして不足がなかった。彼女は炊事のほかに、暇があれば男たちの作業衣の洗濯をし、小屋の近くで野菜も栽培した。

Aさんは毎朝四時には起き、食事の用意にとりかかるのだった。人数が多くて忙しいときには、男たちが交替で朝の支度を手伝った。弁当を持たして男たちを送り出すと、後片づけをし、掃除や洗濯をし、それからしばらく昼寝をした。三時ごろからまた夕食の支度を始める。五時すぎに男たちが帰ってくると、食事の世話をし、後片づけや明朝の支度を終えるのは、夜の九時ごろだった。いつも男たちがすませた後で食事をし、しまい風呂に入るのである。彼女もときおり休暇をとって里の家へ帰った。すると年配の者が代役をつとめたが、男たちはなんとなく落ちつかなくなり、口実をもうけては一緒に山を下ることが多かった。

ふだん一般の労働者は二〇人前後だが、最高時には三〇人近くもいた。里で小百姓をしている者も多く、農繁期には山小屋の人数も減るのである。年齢は三十代から五十代の者が大勢を占めており、他に二十代が一人、六十代が二人、それにわずかの期間だが、七十すぎの老人も二人きていたことがあった。

現場では、気の合った者どうしがそれぞれ五つの班にわかれて、地拵えと下草刈りを行なった。造林地は三〜五ヘクタールずつの林班に区分けし、そこの状況に応じて請負金額を定めていた。その林班をくじ引きで、各作業班に割り当てるのである。だからくじ運やその班の労働能力によって、稼ぎ高にある程度の差が生じた。

植林の場合は、全員が一つにまとまって従事している。みんなのなかから作業の段取りをするリーダーを選び、その指揮に従って行動した。リンセリも行なわれた。

四十五年春のことだが、事業者側は、植え賃を苗木一本につき一〇円といい、われわれは一二円五〇銭を主張して、そのとおりに決まっている。あらかじめみんなで打ち合せておき、こちらの注文が容れられなければ、全員蒲団を持って山を下るといって、強談判《こわだんぱん》をしたのだ。

作業は一日四〇〇本と決められた。つまり日当五〇〇〇円になるわけである。それを月収にして、他と比較すると、つぎのようになる（四十五年六月）。

○現場監督・Oの場合——月給（手取り）…四万三三〇〇円。ボーナス…年間五カ月分。山泊手当て…一日四〇〇円。

○補助監督・Sの場合——月給（手取り）…四万七〇〇円。ボーナス…年間三カ月分（臨時職員であるからOよりも少ない）。山泊手当て…一日四〇〇円。
○炊事係・Aの場合——月給（手取り）…三万七〇〇〇円。ボーナス…年間約二万円。果無山は一～三月までは寒さのため事業が中止になり、その期間、Aさんに限り失業手当てとして、月給の六割を支給された。
○一般労働者・私の場合——月収…九万五〇〇〇円（日当五〇〇〇円、一九日就労）。諸手当て（メーデー、山祀り、年末）…約二万円。
私の場合、この月に限って見れば、前者三人より多いが、就労日以外は日当がないのだから、盆正月や冬期には収入が半減するのである。それでも当時は年収でいっても、彼らのそれを上まわった。だがその後山林労働者の収入の伸びは停滞し、一方給料取りは定期的な昇給があるので、現在では完全に逆転している。なお、社会保障としては、労災保険のほかに、失業保険、農林年金（青年作業班のみ）、林業労務共済制度（一種のボーナス制度だが、微々たるもの）があった。

当時、里近くの山や土木の現場で働く人びとの日当は、男子二五〇〇円、女子一三〇〇円程度だったから、それに比べると果無山は稼ぎがよかったわけである。

理由は、請負単価がよくなければ不便な山小屋暮らしをする者がないということと、作業現場で宿泊するのだから、時間も根もつめて働くからであった。

山小屋では三〇人近い大所帯だったが、人間関係もおおむねうまくいっていた。監督と労働者の間柄も、リンセリのときに押し合うだけで、それがすめば互いの立場を理解して行動した。仲間どうしでは、ときおり酒のうえで口論することはあったが、ふだんはほぼ仲良くやっていた。たとえば役所や会社のように、誰かが言葉を改めて訓示するようなことはなくても、互いに守るべき常識というものは明らかだった。他人に迷惑をおよぼしたり、仕事を怠けたりすれば、おのずと仲間から浮き上ってしまうのである。

ある夫婦連れ

われわれが同じ里の者なのに、その三人だけはべつだった。はじめは伐採の組で来ていて、ほかの仲間が引揚げた後も、造林の仕事をもらって残ったのだという。一人は五十年配の背の高い男で、以前は筏師をしていたといい、あとの二人は四十歳前後の夫婦者で、Kという男のほうは腕に下手くそな彫りでバラの花の刺青がしてあった。彼らはべつに一区域の仕事を請負い、三人共同で働いていた。賄いもわれわれとは別世帯である。刺青男の妻君がカシキをしていたが、同時に彼女も男たちと一緒に作業に出た。

だがその妻君というのは病弱体質で、丈夫な男でさえきつい労働が彼女にはしょせん無理だったようだ。ある夜発作をおこして、漬物桶に頭から突っ込んで人事不省《じんじふせい》におちいった。つぎの日Kさんは仕事を休んで、妻君を看護した。相棒の元筏師が医者に診せるようにすすめたが、彼は、なにこれぐらい心配せんでもええ、といい、三日ほど後、ようやく里へ薬を買いに出かけた。妻君はどうにかカシキができる程度に回復したものの、しばしば頭痛を訴えて、顔色も冴えなかった。

夜になると、好きな者のあいだでは、毎晩のように花札遊びが行なわれた。煙草や十円玉を賭けるだけのほんのなぐさみなのだが、Kさんはいつもその常連だった。首の太い扁平な身体つきの彼が、刺青の腕をまくり上げて花札をさばくさまは、なかなか堂に入ったものである。あの男は町でヤーサンだったのだ、という噂がささやかれた。どこかでトラックの運転手をしていて事故を起こして山へ逃げてきているのだ、という話もあった。だがKさんの前歴を本当に知っている者はいなかった。あるとき、妻君は洗い場で菜っぱを水に漬けていた。彼ら三人の組は、われわれと比べてもつましい食事をしていて、たとえば魚などはほとんど買わなかった。そのとき妻君が洗っているのも、山で摘んできたものである。おや、と私は思った。それはツチナ（オトコエシ）という草で、炭焼きは好んで食うが、一般の人びとにはあまり知られていないものだったからである。

「あんたら炭焼きをしたことがあるんかいな?」と私が訊くと、

「うん、わたしらもとは炭焼きやったんやで」と妻君は言った。「そやさか、わたし身体さえわるなかったら、山の仕事はなんでもできるんやけど」

「おれもむかしは炭焼きをしとったんや」と、私も話して、いわば同業者であったよしみを通じ合った。

炭焼小屋の暮らしを続けてきて、里には家を持たないこと、旦那は博打好きで、町へ出ると金を使いはたすまでやめようとしないこと、など妻君は打ち明けた。質入れしてしまって時計もないのだという。

ふだん夫婦仲は悪くはなかった。気分さえよければ一緒に働き、妻君が病んで寝込んでいるときは、昼休みにKさんが小屋まで様子を見にきて、また仕事に行くのである。あるときカシキのAさんが、そんなに心配なら入院させたらよいのに、と言うと、家内はおれのそばにおらなんだら気病みしてよけい悪くなるんや、とKさんは答えたという。

だが旦那の花札だけは、妻君にも我慢がならなかった。Kさんがそのほうへ行く気配を察知すると、身体にすがってひと悶着おこすのである。もちろんKさんは一喝を喰らわせて、花札遊びの仲間入りをする。すると妻君は私のところへ来て（私はあまりやらなかった）、あの人にやめるように言ってくれ、と頼むのだった。私が言ったからといって、聞き入れるわけでもないのだが。

「あの人はわたしの着物まで売って、博打や女遊びしてきたんや。もうええかげんにしてほしいわ。いつになったらやめるんやろ」と、妻君は暗いやつれた顔で言うのである。「胸くそ悪い。もう思いきり暴れたろかしらん」

事実ある晩、妻君はとうとうヒステリーを起こし、包丁で旦那を刺そうとした。とり押さえはしたものの、眼が離せないので、その夜は電気も消さず、一晩中発電機が鳴っていた。つぎの日Kさんは腕に受けた傷を縫ってもらうために山を下ったが、妻君ももうけろりとして、一緒に出かけたのだった。

その後Kさん夫婦は、私どもの里で家を借りて住んだ。果無をやめて土木仕事などに出ていたが、やがてその里からもいなくなった。

山に棲む日々

私の父、源右衛門は、四十三年十月に亡くなった。当時彼は町内の上地の集落の近くで炭を焼いていた。その日も一日働き、夜は家に帰っていつものように焼酎を飲みはじめたが、途中で口許からこぼれ出した。そのまま昏睡して明くる日に息を引き取った。脳卒中である。七十六歳だった。父の窯には焼きかけの炭があり山には立木も残っていたが、近所の老人が後を引き受けてくれたので、私はそのまま果無山の造林を続けた。

弟や妹はみんな都会で就職していた。それぞれ家庭をもち、独身でいるのは田舎に残っている私だけである。父が亡くなってしばらくすると、母親までが娘や孫を慕って町へ行ってしまった。里に自分の家があっても、ふだんは空家となり、家庭というものが私にはなくなってしまったわけである。だが、そのために淋しいなどとは思わず、むしろ束縛のない自由の身になったと感じていた。

山小屋で私のような独身者は少数派であった。作業班の仲間たちもほとんどは所帯もちになっていた。里に家庭をもつ者にとっては、山小屋は稼ぎのための仮の宿にすぎない。彼らは一家のあるじとしてなにかにつけて里に用があり、また用がなくても家庭は憩いの場所なのである。幾日か仕事が続いた後の休息日や、雨や雪で作業に出られないときは、待ちかねたように山を下るのだった。それをいんでくる（帰ってくる）といった。里から山へ行くのは、山へのぼるである。だが私の場合は、里から山へ行くことのほうがいんでくるであった。たまに里に出てみても、空家となったわが家には、畳の上に挨がたまり、蜘蛛の巣がかかっているのである。里では気持が落ちつかず、山小屋こそが安心な自分の本当の住居だという気がするのだった。

山小屋で三畳敷きの部屋を自分のものにして、そこには蒲団や着替えや洗面用具や、その他こまごまとした生活必需品がそろえてあった。猟銃もあり、机や本も置いていた。ほかの男たちは一部屋に数人以上が押し合うようにして寝ていたが、私だけは厚顔にも、自分だけの城を確保していたのである。

書物は持っていたが、二十代に比べると、読書量ははるかに減っていた。一日労働して小屋に帰ってくると、すぐさま焼酎にとりかかり、しばしば酔いつぶれるまで飲んだ。べつに酔わねばならない事情があったわけではない。むしろ体力は充実して、仕事をしても他人にひけをとることなどなく、精神的にも安定していた。飲むことはいわば慰安であり、酔えばぐっすりと眠って、明くる日はまた阿修羅のように働くのだった。

百姓をしている男たちが稲刈りなどで里へ下っているときも、私は腰を落ちつけて山で働いていた。運動会や秋祭りなど里の行事にも参加せず、以前炭を焼いていたころのように、社会生活の枠外へはみ出た恰好であった。仲間がいないときは、自分で食事をつくり、犬を連れて仕事に出かけた。あるいは雨や雪の日には、一日じゅう本を読んで過した。山深いところにひとり身を置いて、他人がそばにいないというのは、なんの気遣いの必要もなく、せいせいした気分になるのである。

必然、月末の勘定でも、私が稼ぎ高でトップの位置を占めることが多い。食事の回数（一食につき一三〇円程度を給料から差引かれた）はもちろん最高であり、からにする酒壘の数においても仲間に差をつけていた。仕事・飯・酒といずれも他を制しての、いわばプロ野球でいうところの三冠王である。仲間から、おまえは果無の主《ぬし》みたいな男やな、と言われるのも、あながち冗談ではなかったかも知れない。そういう彼らは、私から見ればただ稼ぎにきているだけで、もはや山中では安住することのできない現代人であった。

北に面を向けた山には、冬の訪れるのも早かった。たまに降る雪は、淡く積もっただけでもしばらくは消えなかった。ふもとの集落に降る雨が、山の中腹から頂上にかけては雪となって白くおおうこともある。そんな日には、地下足袋を厚い山靴に履きかえて作業に出かけた。山々はすっかり冬枯れて林のなかも明るくなり、落葉の上を薄くおおっている雪も淡い輝きを帯びていた。鳥の囀《さえず》りも聞かなかった。山の獣や鳥たちも暖かいふもとの方へ下ってしまい、高い曠野のなかに棲んでいるのは、山賤《やまがつ》ばかりとなるのである。

突き出した丘陵に建っている小屋は季節風をもろに受けて、雪は屋根裏や壁の隙間から吹きこみ、土間や畳の上にも降った。夜中に眼が覚めてみると、雪が枕のまわりに積もっていることもある。寒さや雪も私には苦にならなかったが、たまにはふと、自分はここでなにをしているのだろう、なんでこんなところにいるのだろう、と省みて思うこともあった。山で生まれた猪の仔は一生山で暮らすように、私の場合もそれと同じ自然の営為であろうか、と。

結婚ということについても関心が薄かった。このような生活に同伴できる女性が簡単にあるとは思えなかったし、あえて探そうという気持もなかった。自分の境遇を不幸だとは感じなかったが、ほかの人間に積極的にすすめられる状態ではないのである。たまに女友達ができることがあっても、自分とはべつの世界の人間だと、はじめから一線を引いた気持があり、そこをこえるのは厄介なことのように思われた。

日々の生活に充足していたというのでもないが、だからといってとくべつ不満や精神的苦労があるわけでもなかった。平穏無事で、喜怒哀楽の起伏に乏しい毎日であったともいえよう。

街の生活について

現代ではどんな山奥にいても、世の中の出来事を、都会に住む人間と同じように知ることができる。テレビとラジオの放送は、大きな情報源であるとともに、娯楽や慰安であり、話題の種でもあった。「大学紛争」「日航機〝よど号〟乗っ取り事件」「三島由紀夫の割腹自殺」など、山小屋でもそれぞれ話題になったものである。みんなで「万博」を見に行こうという計画が持ち上ったのも、テレビ放映に刺激されてのことだった。下草刈りの稼ぎの一部を共同で積み立て、事業主からも補助をもらい、貸切バスで一泊二日の大阪旅行となった。

われわれの地方から大都会へ出かけるような機会は、一般にはめったにあることではない。大阪は戦争に負けて引揚げてきて以来という者もいた。ふだんはべつに用がないのである。この地方の経済圏の中心地は、四十余キロ離れた田辺市で、そこには総合病院、映画館、飲屋、パチンコ屋などもあり、たいていの買物もできるミニ都市であった。単車や自家用車が普及してからは、人びとは田辺市までは気軽に出かけた。

私だけは例外的に、京阪神地方へときどき出かけていた。自分も名を連らねている文学同人雑誌の例会へ出席するという目的もあったが、同時に二、三カ月に一度の気晴しともいえた。弟や妹たちもみんな大阪府下に住んでいて、泊まりの宿にもこと欠かなかったのである。すぐ下の弟は鉄鋼卸問屋のセールスマン、もう一人はトラック運転手をしており、妹の一人は主婦、末の妹は共稼ぎの美容師だった。鉄鋼セールスマンの弟はゴルフもやっており、それを見て私は、炭焼きの倅が鉈のかわりにいまではゴルフのクラブを握るのか、という感慨をもった。それはあの四滝谷の小屋で生まれた弟なのである。彼らはいずれも団地住いをして、都会人としての日常をくり返していた。

いつもの習慣で、私は都会でも朝五時には眼が覚めた。だが山小屋のようにすぐに朝飯というわけにはいかず、空腹をこらえるのがひと苦労なのである。一方では山にはない楽しみもあった。それは朝刊である。空腹を我慢しながら新聞の配達を待っているというのが、都会における早朝の私の姿だった。

都会では私はほとんど用事がなかった。目的もなく繁華街をうろつくだけのことである。はじめて街に出た老人が人の賑わいに驚き、おぬし今日は大阪の祭りか、と訊いたという話を私はときどき思い出した。人混みもさることながら、商戦の旗が立ち並び、映画、芝居、遊技場、酒場などが客の呼込みをきそい、人びとはよそ行き、の服を着て押し合いながら歩いている。それらの十分の一をもってしても、田舎では年に一度の祭りでしか見られぬ光景なのである。かの老人の感嘆は言い得て妙というべきではなかろうか。都会では毎日が祭りなのだ。そして田舎者がたまたま都会に出たときは、祭りの昂奮に似たものを体験するわけである。そのときばかりは私も一張羅の背広など着て、地下足袋のかわりに革靴をはいている。そして物珍しいもの、美味いものを売っている店や、若い娘に眼を奪われながら人混みに揉まれて歩く。物乞がいたりするのも昔の村祭りと同じだと思う。

書店、美術館、映画館などが私が時間を潰す主な場所である。百貨店の売場を見物してまわるのもおもしろい。あるいは飲食も欠かせぬ楽しみのうちだ。たとえば一杯のうどんを食う場合でも、豊富なメニューのなかから選択することによって、豪勢な食事をしているかのような気分になるわけである。まだ中学生だったころ、修学旅行ではじめて大阪に泊まって、ネオンサインに眼を見張る思いをしたものだが、いまでも都会の夜の明るさには違和感を抱く。それに比べると、山の夜は文字通り暗闇なのである。

高速道路や新しく高層ビルが建設されているのを見るにつけても、大変なことをするものだという感嘆を禁じえない。いわゆる文明の活力に圧倒されるのである。これが自分と同じ人間のすることかとも思う。とくに科学文明というものが私には理解しがたい。原子力発電や人工衛星などもとより論外、ラジオのメカニズムすらわからないのである。同時代に生きてはいるものの、現代人という位置からは、自分はかなりずれた人間だと思わずにはいられなかった。

私はギャンブルなどにはもとより興味が薄かった。おかしな機械を置いている遊技場にも入ったことがなく、遊び方も知らない。あるいは性的な刺激を売っているところにもふだんは縁がないが、いつか友達に連れられて、ストリップショウを見に行ったことがあった。あんたは女が珍しいだろうから、と彼は私をもてなすような恰好で誘い、金も払ってくれた。ところがいざショウが始まってみると、その彼のほうが熱心で真剣なのである。いつも都会にいる男でもやはり女が珍しいのだ、ということがわかった。以来十年ほどストリップショウも見ていないが、人間というものは、ずいぶん奇妙な、あるいは愚劣な、思いもよらないことをするものだ、と私は変に感心したことをいまも記憶している。

またある夏の夕暮れどき、私はビルの屋上のビアガーデンでひとり飲んでいた。

万国旗が飾られ音楽の流れるなかで、赤い服を着たボーイたちが働いている。大勢の客たちは飲んだりしゃべったりして、いかにもくつろいだ雰囲気が漂っていた。一日働いて夕べには音楽を聞きショウを眺めながらグラスを傾ける、こういう生活もあるのだ、と私は自分の日常との相違を実感した。そこからは紀州の方角にかすかに山影が見えた。山々は靄に包まれながら夕映えの向こうに隠れようとしている。あの彼方に私の住む小屋があるのだと思った。あのような山のなかにも暮らしている人間がいるなどと、いまここにいる人びとは誰も考えはしないだろう。私は果無山脈の姿を想い浮かべ、異邦人のような心持で人びとのざわめきを眺めていた。

三日もいると都会ではもうすることがなく、退屈になってくる。身体を使わずに飲食ばかりしていると、胃の調子がおかしくなり、精神的にも不安定になってくるのである。また舗装した路面を歩くのは、私にとっては山の急な坂道を登るよりも芯がくたびれる。そんなときまず恋しく感じるのは山の水だ。カルキの匂いなどない水、青い苔から滲み出て、砂がまじり、小さな虫や微生物なども棲ませて、生きて流れている水である。あの水を飲めば、身も心もしゃんとなるだろう、そう思ってまた山へ帰ってくるのである。

果無山の売却

果無北山の造林は、昭和四十二年度…二一ヘクタール、四十四年度…五一ヘクタール、四十五年度…八九ヘクタール、四十六年度……九五ヘクタール、と継続し、四十七年の春をもって、あわせて二五六ヘクタールの植付けを一応完了した。われわれが南山で仕事を始めたのは四十一年だったから、実質六年間を費やしたわけである。この間に現場の作業にたずさわった顔ぶれはおよそ一〇〇人近くにおよぶ。働く人びとの出入りが激しかったことになるが、時代の景気の振幅がそれに拍車をかけたのである。私のように最初から最後までいた者は、わずか数人であった。地拵え、植付け、下草刈りなどをくり返して、私は造林地の隅々まで歩いている。そうして一月から三月までの厳寒期を除いては六年間、果無の山小屋で暮らしたのである。

植付けが完了に近づくにつれて、振興会と森林組合では、売却の動きが始まっていた。山林取得資金の負債に加えて、事業費のすべてを借入金でまかなっており、途中で手離すのは予定されていたことだった。世間の物価の動きに刺激されて、山林価格も上昇しており、売却の時期がきたと判断したのであろう。

四十七年七月には、土地ブームの旗手、田中角栄内閣が登場している。地面さえ持っておれば笑いがとまらぬほど儲かるといわれた時代の到来である。都会の人間が、村はずれの荒れた田圃などを買いにくるようなありさまだから、当然山林も投機の対象になった。一ヘクタールにも満たないようなわずかな山林が、われわれ労働者には手も届かないような値段で、右から左へと売買された。村でも小金を貯めているような人びとが、それに飛びついたのである。さらに田辺市近郊の富裕な百姓や中小企業の経営者や、水商売で儲けた女将などといった連中が入りこんできた。だいたいは山林を保有するのでなくて利ザヤが目的の、土地ころがしならぬ山ころがしである。売却された山がまたすぐに転売されたり、山の名儀人とはべつに背後で資金操作をしている者がいたりして、表面を見ただけでは持主も定かでないようなありさまだった。

山ブローカーの活躍のチャンスでもある。ブローカーのすべての者がそうだというのではないが、なかには不明朗な取引もないわけではない。山林売買でいちばん問題になるのは境界線だ。この場合、公簿面積と実測面積とのあいだに大きな相違があるのがふつうであり、また実測図面を添えていても、現地に境界を明確にする標示があるとは限らないからである。この谷からあの尾根に立っている松の木まで、などという大ざっぱな説明を信じて、あとで悶着の種になったケースもあったと聞く。ブローカーは商談がまとまると、売手・買手の双方または一方から手数料を受け取る。だが顔の広い者であると、ふだんでも木材会社など関係団体などから、いくらかの資金援助を受けていることもある。そのかわりに情報を提供したり、取引の裏側で攪乱工作などに動くのだ。

果無山の売却についても、何人かのブローカーが奔走していたようである。ときどき客を連れて現地へ下見に来ることもあった。いろんな過程をへて、結局、県内のある私鉄会社と商談がまとまった。四十七年十一月のことである。売値は南北あわせて、三億三〇〇〇万円であった。山を取得したときの負債と金利、それに六年間の造林事業費などの合計約二億四九〇〇万円を差引いて、純利益は八一〇〇万円となった。それを振興会と森林組合が折半したのである。

山主が変わった時点で、造林事業もストップした。植林地の下草刈りなど撫育作業はぜひ続けねばならないのだが、買った私鉄会社も、これを長く保有するつもりはないから、手を抜いたのだ。われわれ二十数名にとっては仕事がなくなったのである。里ではそれぞれあてがないわけではなかったが、ともあれ果無の労働者は離散することになった。私も蒲団など身のまわりのものを片づけて、住み馴れた山小屋を後にした。このとき慰労金の名目で一人当たり一万円をもらった。全員で二十数万円、それは一緒に退職した補助監督員Sさん一人の解雇手当てとほぼ同じであった。ちなみに商談にかかわったブローカー氏へは、手数料として百数十万円が支払われている。私の当時の稼ぎのおよそ一年数カ月分である。これらの金額は、現場の労働者に対する世間の評価と、われわれの無力さを端的にあらわしているといえるだろう。

果無を買った私鉄会社は、それから一年もたたないあいだに、こんどは南と北を分割して転売した。確認された情報ではないが、それによって倍する利益を稼いだと聞いた。

第四章　十津川峡春秋

失業と雑業

果無山脈から下った後、私はしばらく失業保険をもらって里で暮らした。森林組合の青年作業班もやめたのである。仕事は近くでも探せばないわけではなかったが、短期間の腰かけ的なことは性に合わないと思った。造林仕事というものは、毎年継続して木を育ててこそ、楽しさや働き甲斐を見出すことができるのである。それに奥深い山がやはり懐かしかった。また規模の大きな仕事を見つけて、山小屋暮らしをしたいものだと思っていた。

だが失業保険だけでは小遣いが不自由なので、おぎないにときどき内職的な稼ぎをした。それはクロモジ切りである。クロモジというのは、杉林の下などに生える肌の青い灌木で、香りがよいところから、和菓子の楊枝の材料として使われる。里には仲買人がいて、束ねて持ってゆくと、目方を計量して金をくれた。一日じゅう、山を探して歩いても、果無のころに比べると半分の稼ぎにもならず、いわば女性の内職程度の仕事だった。

職業といえるほどのものではなく、いうなれば小銭稼ぎの雑業であった。広大な山のなかには根気よく探してみれば、銭になるものも少なくないのである。子供の時代はソヨゴの木を切って売ったこともあった。それは木製ボタンの材料である。釣竿の先に使うのだと、スズタケを買いにきた者もいる。丸太担ぎや檜皮持《ひわだもち》といった仕事もあった。まだ架線による運搬が普及していなかったころ、駄賃をもらって、山から道端まで肩でかついだのである。運賃は三マル（直径三寸）はいくら、五マルはいくら、と太さに応じて差があり、弱い者は細い丸太を選んで運べばよかった。檜皮や杉皮は屋根を葺くのに需要があり、それを運ぶのも女子供の臨時収入となった。また炭焼きがさかんだったころには、炭持のほかに、ダツ（炭俵）を編む内職もあった。秋、野原で茅を刈って乾燥して保存しておき、冬の夜なべに編んだのである。これは女や老人に適した手仕事だった。

もう少し時代をさかのぼって、大正から昭和のはじめごろにかけては、松煙焚《しょうえんだ》きという仕事もあった。和紙で箱型に囲んだ中で松を燃やし、紙に付着した煤を採取するのである。それは和墨の原料として高価に売れたという。私どもの地方では、山路《さんじ》（龍神村《りゅうじんむら》）方面がさかんで、そちらから松煙焚きの出稼ぎにきて、この里に住みついた者もいる。楠の木の樹脂を採取する商売もあった。それは樟脳《しょうのう》といい、防虫剤などの原料になったという。また炭焼きは、火穴に特殊な装置を施して、煙のなかから木酢液《もくさくえき》をとった。これも薬品の原料である。つまり現代だと化学的に抽出できるものを、この時代には自然の草木のなかに求めたのであった。

さまざまな雑業は、安定した仕事の少ない山民に与えられた自然の恵みなのである。その恩恵にあずかって、私もしばらくクロモジ切りをした。すべて他人の山でとるのである。山の持主や管理人にいちいち承諾をもらってのことではないが、クロモジを切る程度のことは見逃してくれた。その木は肌が美しい親指大のものを選んで切り、束ねて道路まで背負うのだった。このほかに仏壇用のシキミの枝や、神棚に供するサカキやヒサカキなども金になった。規格にそろえて水に漬けておくと、町から仲買人が集めにまわってくるのである。盆栽向きのコメツツジや山草も売れた。あるいは朽ちた木の芯を拾ってきて磨きあげ、花瓶の台や床の置物に仕立てて金にする者もいた。

風屋ダムのほとりで

四十八年の春のことである。知人から仕事を手伝うように頼まれて、私は奈良県十津川村の山に入った。

Gさんというその知人はもともとは労働者ではなく、会社を経営して、私どもの地方では顔の売れた人物だった。だがその会社が倒産し、債鬼に追われるようにして、十津川の奥で山働きをしていたのである。Gさんのほかに、顔見知りの者が三人おり、そのなかには果無山で一緒だったNさんもいた。また同じ飯場に、下流の熊野川町から稼ぎにきた七十すぎの老人ばかりの一組も住んでいたが、彼らとGさんの組は、事業主は同じだが作業現場はべつだった。食事も別個にしていた。

飯場は十津川峡谷に沿った国道一六八号線から、風屋《かぜや》ダムを隔てた向こう岸にあった。荷物だけは小舟を借りて運んだが、ふだんはダムの堰堤を渡って迂回するのである。建物はもう何年か以前に捨てられていた廃屋で、内部は煤けて荒れ果てていた。

仕事はやはり地拵えと植林である。ダムのほとりに聳え立っている山に登ると、はるか東方に大峰《おおみね》山脈の釈迦《しゃか》ヶ岳（標高一八〇〇メートル）が見えた。三月末の釈迦はまだ雪におおわれており、そこから吹きおろしてくる風は、頬を刺すように冷たかった。風屋の名にたがわず、くる日もくる日も息が詰まるほどに吹いた。またときにはダムの水面に粉雪が舞った。

飯場にはカシキ（炊事係）はおらず、自分たちで食事もつくらねばならなかった。夕方仕事から帰ってくると、風呂焚き、掃除、食事の用意などそれぞれ手分けして働くのである。朝起きは元社長のGさんの役目だった。彼は大きな鍋で一度に食べきれないほど味噌汁をつくり、残っても捨てないで、毎朝それに水と味噌を足していた。あるいはすきやきと称して魚の罐詰と野菜をごった煮にするなど、いかにも男所帯らしいむさくるしさだった。

老人組もまた彼らの仲間で食事をつくるのである。話を聞いていると、彼らはかつて筏師をしていたのだという。昭和三十年代になって熊野川にダムができたために、川舟曳きや筏師もオカ（陸）にあがらねばならなかった。彼らのなかには電力会社からもらった補償金でトラックを買って運送業を始めた者が多かったが、山稼ぎに転向した人びともいたのである。その老人たちはトラック乗りになるには、もはや年をとりすぎていたのだろう。

ある夜、老人たちは昔を思い出して、ナルコ舞いの話をしてくれた。筏を目的地まで着けると帰途は棹や櫂をかついで歩くのだが、峠で休んだときに、見習の若者を踊らせるのだという。歌や囃子があるわけではなく、どういうふうに踊らねばならないというきまりもなかった。木の小枝を手に持たされて、もうよいというまで、でたらめに跳ねまわっているのである。つまり新入りに対する面白半分のいたぶりだった。そうして三、四年の修業の後に一人前になり、はじめてハナノリ（舵をとること）をこなすと、その夜ばかりは三味線もよんで、新宮の川原町の宿で盛大な酒宴を催してもらったという。

また老人たちと話をしていて、われわれの地方から出稼ぎにきている労働者が、十津川では一般にあまり信用がないこともわかった。植えたと見せかけて、苗木を束のまま捨てたり、下草刈りをすませたといって金をとって帰ったが、後で山に入ってみると、見えない部分に仕事を残していたような例が、過去には少なくなかったという。旅の恥はかき捨て、といった横着者もいたのである。あるいは十津川はかつては秘境ともいわれたほどで、私どもの地方から見てもさらに山奥だという、いわば軽薄な田舎蔑視の気持がそんなことをさせたのだろうか。

だが十津川の労働環境が、一般の水準に遅れをとっていた事実も指摘せねばならないだろう。山主や現場管理人も、われわれが狭い不衛生な廃屋に押しこめられ、不便な生活を強いられていることについては、ほとんど無関心だった。またここでは口入れ屋のような中間搾取もおおっぴらに介在していた。山主から管理人へ、さらに下請人へと仕事が下りてくる過程で、飯場の施設やカシキにかかる費用なども吸収されてしまったのだろう。仕事をまじめにやるかどうかは、個人の性格にもよることだから、すべての怠け者を弁護することはできない。だが環境が誠意を喪失せしめるようなことも、ときには起こりうるのである。

またわれわれの親方は、金払いについても芳しくなかった。班長格のGさんと相手の下請人のあいだでどんな約束がされているのかわからなかったが、仕事の単価さえ曖昧なのである。支払い期日も定まっていなかった。小遣いがなくなったといえば、そのときだけ少しずつ金をくれた。またあるとき仲間の一人が足に怪我をしたが、事業主は労災保険の手続きをとることもしなかった。請求はしてみたが、いろいろ口実をもうけて引き延ばされ、結局こちらの泣き寝入りに終わったのである。

そういった不満や不信感はあったけれども、手をつけたものを途中で放り出すこともできない。しかも仕事に追われていて、植付けのときには、一人一日当たり八〇〇本の苗木を植えた。果無のときの倍のノルマである。山稼ぎに不馴れなGさんなどには、荷の重い作業だった。私は自分の分を終わってからもGさんを手伝い、合せると毎日一〇〇〇本を植えている勘定になった。植付けが片づくと、つぎは下草刈りである。この年の夏はとくに暑かった。炎天下では仕事がはかどらないので、午前三時ごろから懐中電灯をともして山へ登ったこともあった。夜明けとともに仕事を始めて、真昼は木の蔭に入って休んだのである。八月は雷雨が多かった。雷鳴は険しい山々や深い谷底にこだまして、凄まじく鳴りひびいた。

賃金の支払いは相変わらずだった。盆が近くなった八月には、三カ月分も清算が遅れていた。その間ほんのわずかを、内渡し金としてもらっていたにすぎない。みんなに催促されると、Gさんは里の下請人の家へ出かけるのだが、埒があかないらしく、菜っぱの漬物をもらっただけで戻ってきた。そしてとうとうみんなで強談判に押しかける羽目になったのである。押問答をしていると、そばから内儀さんが、金は払わんでおきゃせんわよ、と言った。勘定は毎月定期的に支払うべきものという観念が、その人びとにはなかったものか、それともこちらが黙っておれば曖昧にすませるつもりだったのだろうか。どうにか働いた金は手に入れたが、気まずい幕切れであった。

キリクチ谷の山小屋

まだ風屋ダムにいたころ、耳よりな仕事の話が持ち込まれた。十津川をさらに奥に入った野迫川《のせがわ》村に、大規模な造林の計画があるという。山主は和歌山県海南《かいなん》市の酒造会社で、県森連（和歌山県森林組合連合会）を通じ、近野振興会へ適当な労働者がいないものか問い合せてきたのである。連絡を受けて、さっそく現地を見ることになった。四十八年八月のあいにくと雨の降る日に、酒造会社社長のNさんに案内されて、私ははじめて野迫川村の山に入った。そこは奈良県一の過疎の村だと聞かされた。私どもの町から国道一六八号線を北へ遡ること、車で五時間かかる位置にあり、さらに村の端から端までは一時間走らねばならないような広大な山林地帯だった。

山峡のところどころに小集落があったが、造林の現地へは、車を捨ててなお一時間ばかり山を登るのだった。

そこはキリクチという谷の流域だった。同行した地元森林組合長のTさんの話によると、キリクチとは主として日本の中部山岳地帯の渓谷に棲むイワナのことで、このあたりはその南限なのだという。キリクチ谷は全長二キロほどで川原樋《かわらび》川へ合流し、さらに十津川へそそいでいた。N酒造の所有は、谷を隔てた東側半分約二五〇ヘクタールで、それを五年間で植林する計画だった。

その後、私は海南市の会社へも出向いて請負単価などの話を取りきめた。そのときは県森連のY課長にも会った。造林事業はN酒造が直接行なうのだが、造林補助金の調達や苗木の斡旋、あるいは技術面の指導などを県森連が援助することになっていたのである。話が決まると仲間を集めねばならなかった。以前果無で一緒だった男たちや、失業中の者などを誘って七名ほどになり、カシキをしてくれる年配の女性も見つかった。

野迫川に入ったのは、九月の中旬だった。山小屋ができあがるまでは、森林組合長のTさんの集落で、空家を借りて住んだ。ふもとの林道からキリクチ谷へは、うまい具合にパルプ材を搬出する架線があり、それを借りて山小屋の資材などを送りこんだ。人手が足りないので、地元の人びとにも応援してもらい、四日目の夜には荷物とともに、山の中腹に建てた宿舎に移転していた。大きなプレハブ建築はようやく屋根と壁の一部を組み立てたばかりだが、そのなかでわれわれはまず山始めの酒をくみ交したのである。

飯場は住居用の二棟のプレハブと、炊事用兼食堂の小型プレハブ一棟、そのほかに風呂場、物置、便所などは付近の林の木をとって建て、トタン板で屋根を葺いた。風呂は五右衛門釜を使い、かまどは石と赤土で塗りこめた。その一方では宿舎から少し離れた林のなかに、便所の穴を掘る者もいるといった具合である。間近にせまっている冬将軍に備えて、風呂焚きやストーブに使う薪取りもした。炊事にはプロパンガスを使い、灯火は重油による自家発電である。宿舎から四キロほど離れた集落のTさんの家まで、緊急連絡用の電話も取りつけた。それは公社電話とはつながらないのだが、たとえば郷里からTさんまで言付けがあると、その電話で知らせてくれるのである。郵便物もTさん宅で受け取ってくれることになった。

薪を伐った跡の柴を焼いて、白菜と大根の種を蒔いた。食料品などを売っている里の店までは往復半日はかかるので、せめて野菜ぐらいは自給自足のかまえである。米も年内足りるだけの分を用意し、乾物や漬物などの保存食や、調味料、酒なども十分に貯えた。

宿舎や畳も、鍋や食器も真新しく、まだ誰も手をつけていない現場で、文字通り新たな事業を始めるのである。よい稼ぎをしたいという勘定とはべつに、確かな手応えのある仕事に取り組むのだという、緊張と充実感があった。それは炭焼きが新しく山を手に入れて、小屋を建て窯を築くときの気持と同じものだった。

山の中腹の林に囲まれた宿舎から見えるものは、山々の重なりばかりである。そんななかで、Tさんの住む平《たいら》集落の家が十数軒、山陰にひっそりと佇んでいた。人影はわからないほどの遠方である。そして夜になると広大な暗闇のなかで、そこだけにかすかな明りが見えるのだった。その明りは、人里の温もりとともに、安らぎや慰めをわれわれに送り届けてきた。

冬、そして春

標高およそ一三〇〇メートルの頂上付近から地拵えを始めた。宿舎から現場までは、約四十分かかって山を登らねばならなかった。あたりは二十年ほど前にパルプ材を伐った跡地で、つまり平均二十年生の広葉樹におおわれていた。だが尾根の部分には原生林ともいうべきブナ、ミズナラ、ヒメシャラなどの巨木が残されており、下地はスズタケで埋もれている。スズタケや若木は伐り倒して片づけたが、手に負えないような巨木は、幹の皮を剝いで巻枯らしにした。それらは二、三年すると枯れて、梢の細い部分から落ちるのである。

にわかに寄せ集めた男たちのなかには、山稼ぎがはじめてという者や七十代の老人もいた。いままでダンプに乗っていたという若者は、屈強な体軀にもかかわらず、二日ほど地拵えをしただけで、足を腫らして帰ってしまい、元左官だった男は、山へ登ると心臓が苦しくなるなどと訴える始末である。七十代の老人のほうが、山に馴れているだけまだしも頼りになった。こうして脱落する者もいたが、一方また新しい顔も入ってきた。

木の葉が散って山々が裸になり、鹿の声もめったに聞かれなくなると、日の短くなったさまがにわかに強く感じられた。朝、向こうの炊事場でガス炊飯器のスイッチの切れるガチャッという音がして、カシキのおばさんが、ご飯できましたよ、とわれわれを起こしにくるころ、外はまだ暗闇である。寒くなると発電機のエンジンを廻すのに骨が折れるので、食卓にローソクをともして朝飯を食った。そして六時には弁当袋を背負って出てゆくのだが、林の下の道はまだ薄暗く、山を登るにつれて夜が明けてくるのである。そして一日の作業が終わると、夕暮れの残照に導かれて下ってくる道が、いつのまにか仄かに暗く翳っているのだった。

はじめての雪は、十月なかばに早くも訪れ、桶にためている手洗いの水にも薄氷が張った。この季節の雪は白いさらさらとした粉を虚空に散らすばかりで、まだ積もるおそれはなかったが、水道が凍って断水するのが困りものだった。水は宿舎の近くにはなく、二キロ近い谷の奥からホースで引いてきているのである。断水に備えて、ドラム罐やバケツに貯水はしてあったが、まず風呂に入れなくなり、つぎに食器などが洗えなくなった。天候が回復すると、凍った水道ホースを日向に引きずり出して、詰まっている氷を解かした。そうしてまた水が通うようになると、ドラム罐などあらゆる容器を動員して、水を貯めるのである。またこのときばかりは心ゆくまで風呂に入り、髭を剃り、清潔で満ち足りた気持になるのだった。

十二月になると、また人数が少なくなった。なにかの用で郷里に帰った者が、寒さをおそれて登ってこないのである。カシキも暇をとって山を下った。わずかに残された三人が自炊をしながら仕事を続けたが、年間の目標五〇ヘクタールの地拵えは、しょせん不可能なことがわかった。まもなくわれわれも吹雪にはじき飛ばされるような恰好で、山を下らねばならなかった。

キリクチ谷が雪に閉されているあいだ、暖かい郷里の近くで働いた。そこは道湯川の山で、青年作業班のころには廃屋を借りて宿泊したものだが、いまでは林道が入っていて、自宅から車で通うことができた。森林公団が民有地を借りて造林しているもので、作業はやはり地拵えである。山桜が咲くころには、その仕事も片づけて、また野迫川の山へ帰ってきた。

三月下旬、十津川峡谷にも桜が咲き、ウグイスの囀りが聞こえていたが、やがて猿谷《さるたに》ダムを過ぎ、車が登り坂にさしかかるころには、冷気が頬を刺すようにきびしくなった。野迫川村に入ると空も暗くなり、道端には根雪が残っていた。

キリクチ谷へ登る前に、私は平地区のTさん宅へ挨拶に立ち寄った。そこは山の中腹の平地にわずかな田畑があり、十数戸が散在しているこぢんまりとした集落である。ふだんは人影もまばらなのに、その日に限って、廃校になっている小学校に大勢の人だかりがしていた。校庭に天幕を張り、そのなかで餅を搗いているのだった。見知った顔もあった。しかし見知らない顔のほうがずっと多かった。日ごろは見かけない若者や娘や幼い子供たちもいた。明日は勝手《かって》神社の春の祭りなのだという。しかも二十年に一度の遷宮祭なので、町へ出ている者もいっせいに帰郷していたのである。

Tさんの奥さんが、もう一人の男と交互に歌っていた。臼は三基ほどもあり、臼よりもさらに多い数の杵には、男たちが群がっていた。歌に合せて杵が振りおろされる。それは鶴や亀や黄金などの文句をちりばめた祝い歌であった。歌が途切れると、杵を持った男たちが押し合った。敵方の杵を押しのけて、臼を占領しようとするわけである。その勝負が決まると、また歌声が高くなり、力強いリズミカルな掛け声とともに、餅を搗く音が響いた。

そこからはキリクチ山の一部分が見えていた。山腹にはまばらに残雪があり、頂上付近は濃い雨雲に隠されている。木の芽は固く、まだ花もないだろう。その山々に向かい、ひりひりとした冷気をひき裂いて杵の音が響き、春を待ち焦がれるかのような祝い歌が、のどかに延々と歌い継がれていた。

われわれの組の顔ぶれは変わったが、仲間の人数はふえ、カシキには新たに年配の夫婦者が来た。男のほうは現場で一緒に働くのである。会社からはトラックが苗木を積んでやってきた。その苗木を宿舎まで上げて、ひとまず畑に仮植《かしょく》をするのが、当面の仕事であった。こちらの人数では手が足りなくて、また平地区の人たちにたすけてもらうことになった。林道から宿舎近くの丘まで架線で吊り上げた苗木は、そこからさらに仮植畑まで肩で運ばねばならなかった。その畑というのが林を伐り開いて、まだ開墾におおわらわなのである。男と一緒に、平の女性たちも苗運びや開墾や仮植にと働いた。

平の人たちは、いつも数組の夫婦連れでやってきた。例外として寡婦が一人いるだけだった。春の遷宮祭が終わると、若者はまた町へ去ってしまい、中年以上の親たちだけが村に残されたのである。彼らもわれわれ同様に、わずかの田畑を耕すほかは、年中ほとんど山で稼いでいるのだった。

彼らは家から通っていて、われわれがひとしきり働いた時刻に現場に着いた。それから焚火にあたって、袋から果物や菓子を出して頬張りながら、しばらく談笑するのである。われわれにも食えと奨めてくれた。仕事ぶりも落ちついていて、ていねいであった。それでも重い苗の束を背負ったり、凍った土を掘ったりするのは、相当にきつい労働である。そしてときには一人のおばさんが話しかけてきて、兄ィさんよ、嫁さんもろてもこげな苦労させたらあかんでよ、などとおだやかに言うのだった。昼飯どきになると、それぞれの夫婦ごとに肩を寄せ合うようにして弁当をひろげていた。塩漬の鯖を棒に刺して焚火で焼く者もいる。食後にはまたミカンの皮をむきながら、ひとしきりおしゃべりと笑いで疲労を癒すのである。

もはや季節は四月だったが、山の中腹から上はまだ根雪が残っていた。そこへまた粉雪が舞う日もあった。だが林の下ではミツマタが黄色い花をつけ、開墾していると蕨の蕾を掘り出したりして、春の気配も微妙に立ちこめていた。空が晴れると、雪解けで水かさを増した谷川が、急に明るくなった陽射しに輝き、白く泡立ちながら、とめどなく流れているのもこの季節の印象である。梢の先端では蕾もようやく脹らみはじめ、山全体がかすかにしかし力強く動いている気配が感じられた。樅、栂、樫など常緑樹の葉の色にも、あるいは落葉樹の幹にも艶やかな息吹きが滲み出ていた。わけてもヒメシャラの金色の木肌は、はんなりとした輝きを放っている。またある日、谷奥へ水道のホースの氷を解かしに行ってきた男は、生まれたばかりの稚《おさな》い鹿に出会ったと話した。

開墾と仮植が片づくと、平の人たちは来なくなり、われわれだけで植栽が始まった。仮植畑から地拵えをした現場まで、梱包した苗木を背負って毎日通うのである。その日々にも、山々の景色は速いテンポで変化してゆく。春の訪れの遅いこの山では、四月中旬になってようやく木の芽が柔かな葉のかたちになってくる。そして山々がもっとも美しいのがこの季節である。新芽は木の種類によって色彩も異なり、茶、黄、紫、緑あるいは赤色などが交錯して、まるで才能豊かな画家の巨大なパレットのようだった。それら柔かな新芽に包まれた山々も、また日一日と濃い緑一色に移り変わってゆく。

気がついてみれば、ウグイスはもうとっくに鳴いていた。ホトトギスも歌い、カケスは数羽または十数羽が群れて梢を飛翔し、しばしば思いがけない擬音を発してわれわれを驚かせた。アカショウビン、ヤマガラ、エナガ、ホオジロなどもそれぞれ活発に動いている。コッコオ・コッコオと鳴くツツドリの単調でのどかな声は、新緑の樹海にふさわしい音楽であった。こみあげてくる喜びを隠しきれないで、小鳥たちは夜中にもひそひそと囀っていた。

先人たちの道

なんの変哲もなさそうな奥山の森林にも、よく見てみれば人間の歴史が刻まれている。

熊野川流域は古代から、鉄、銅、金、銀、水銀などの採掘がさかんだったから、キリクチ谷に最初に入ったのも鉱山師であったかも知れない。しかし採掘された形跡は残っていない。木の実を探す里の女たちや猟師などが、林の下をさまよっていた時代もあっただろう。だがこの谷ではじめて生業を営んで住んだ者はといえば、それは木地師《きじ》ではなかろうか。

木地師というのは、轆轤《ろくろ》など特殊な道具を用いて、椀、盆、高坏《たかつき》などを彫る工人のことである。彼らは近江国小椋谷《おぐらだに》（滋賀県永源寺《えいげんじ》町）に神社を祀り、惟喬《これたか》親王を職能の祖として信仰し、そこを一族発祥の地としながら、木地の原木を求めて山々を渡り歩いた。付近に良材が尽きると、小屋もろともその地を捨て、また所を変えて漂移するのである。

近江国小椋谷の神社では、全国の木地師に綸旨《りんじ》や免状と称するものを与え、同時に烏帽子料や奉納金を徴収したという。いわゆる氏子狩《うじこがり》で、その明細を記した「氏子狩帳」が、永源寺町内の蛭谷《ひるたに》と君ケ畑にそれぞれ残されている。

『野迫川村史』（野迫川村）は、そのなかから本村関係の記録を抜粋している。それによると、宝永四年（一七〇七）を初見にして、慶応三年（一八六七）までの百六十年間に、九回の氏子狩があり、あわせて三二件を載せている。うち「平山」（平村の山の意か）というのは七件にのぼり、なかでも宝暦八年（一七五八）のもので、「和州吉野十二村ノ内平山神野谷木地師、小椋源三郎・同忠兵衛・同定吉」というのが目を引く。神野谷《このだに》というのは、その入口にわれわれが車を置いている谷のことである。享保五年（一七二〇）には「あか谷」という地名も出てくる。赤谷は、キリクチ谷と尾根を接している谷である。キリクチ谷というのは見えないが、これは呼び名として新しいからで、たぶん「平山」に含まれているのだろう。今から二百数十年にもさかのぼる昔、近江国からはるばる来て、辺境の山中を訪ね歩き、小さな谷川の名とともに、そこに漂住する人びとの名をも克明に記すという行為があったのである。明治のころキリクチ谷に木地師がいたことは、平集落の古老たちも証言している。だが彼らはよそ者であり、その生活の様子などはあまりわからなかったという。いわば村人から敬遠され、あるいは蔑視された存在だった。最近までこの村では、学校へ行かない児童は、木地屋の子みたいな、と蔭口された。だが神野谷やキリクチ谷にも、木地師の形跡はいまではなにも残っていない。鉱山採掘などと異なり、木はあまりにも朽ちやすいからである。

キリクチ谷には炭を焼いた窯跡は見られない。辺鄙すぎたからだろうが、この村には炭焼きそのものが少なかったようでもある。それはほかに仕事があったからで、大正から昭和のなかごろにかけては、寒冷な気候を利用して凍豆腐《こおり》の製造がさかんだった。耕地が少ないので、原料の大豆も平野部から買い、製品も馬の背に積んで山を越え、大阪の市場に送ったという。この村は弘法大師の高野山《こうやさん》に近く、いわゆる高野豆腐がそれだが、昭和二十八年の水害で多くの工場が流失し、また現在では凍豆腐も町の工場で生産されるので、野迫川村のものはまったく没落してしまった。

キリクチ谷には、谷沿いと山の中腹とに、それぞれ奥へ三本の道が通じている。あちこちで崩れたり雑木に埋もれているが、原型は道幅二メートル近いものが一定の勾配で続いていたものと思われる。里の人に聞くと、明治の末から大正年間にはここでも「長谷川」が事業をして、それらは彼らがキンマ（木馬）道としてつくったものだという。

「長谷川」という屋号の名古屋の木材業者が、果無山脈でも原生林の伐採を行なっていたことは前にも触れたが、おそらく紀伊半島の山岳地帯の隅々まで足跡を残しているものと思われる。その会社は名古屋にあったが、現場の労働者の主力は岐阜県人だったという。彼らは森林の伐採と搬出に、際立った技術と強力な組織を誇っていた。岐阜県といえば、飛騨《ひだ》の匠《たくみ》と呼ばれた建築職人の存在が有名だが、紀州に来ていた山衆たちも、その工匠に木材を提供してきた伝統をふまえていたのではないだろうか。「長谷川」は、その事業規模の大きなことで山奥の村々に刺激を与え、一種のブームを起こしたという。傭われて飯場へ荷持をした里の女衆が、彼らの食事が三度とも米飯であるのに驚いたことや、その飯の残りをもらって家族に持ち帰ったというエピソードも伝えられている。

彼らはいわば原生林の開拓者だった。それも広葉樹には手をつけないで、私どもの地方ではクロキと呼ばれる針葉樹の樅と栂に樹種が限定されていた。また伐採とともに四面を削いで角材にしてしまうのが特色であった。角材をキンマに積んで牛に曳かせて川まで落とし、そこからは管《くだ》（一本材のこと）で流送した。それをカリカワとも呼んだ。水量の少ないところでは、テッポウと呼ばれる堰をつくって水を貯め、一気に水門を切って押し流した。そうして熊野川の本流との合流地点まで来て、はじめて筏に組んだのである。筏で河口の新宮まで下った木材は、さらに帆船で名古屋まで運送された。春から夏にかけては伐採とキンマによる搬出を行ない、九月、十月はテッポウなどで谷々をせき出し、そこから先は地元の筏師の手に委ねられた。その中継基地となった本宮町萩《はぎ》では、ふだんは渡し舟を使っている川が、流送の季節には木材の上を歩いて渡れるほどに、そのスケールは広大なものだったという（道窪健治「熊野川における木材搬出と上下流域の結びつき」）。

大正の終わりになって、「長谷川」は紀伊半島の山々から忽然と消えてしまった。原生林のクロキを伐り尽したからだろう。あるいは米騒動など、当時の経済の激動も原因であったかも知れない。岐阜県から来て、村の娘と結婚し土着した者もいるが、彼らの遺したもっとも確かなものは、奥山につけたキンマ道の跡ではなかろうか。果無山脈でもそうだったが、キリクチ谷においても、われわれはいままたその道に手を加え、作業道として使うのである。

「長谷川」が去った後、谷峡はまた静寂のうちに四半世紀が過ぎた。ときおりふもとの里人が箸木のミズキを探して入る程度だった。戦後の一時期、村では箸の製造が行なわれ、ミズキは木質が白くて柔かいところから、原木として使われたのである。彼らも「長谷川」のキンマ道によって、箸木をかつぎ出したことだろう。

そして三十年代になって、ふたたび大がかりな造材事業が始まった。「長谷川」は建築用材としてクロキだけを伐採したのだが、こんどはパルプ材として、残された広葉樹を皆伐しようというものである。設備も近代化して、チェンソーで伐採し、架線でもって搬出された。だがそれも能率のよい部分だけを大まかにとったようである。三分の一ほどは原生林のかたちで放置された。そしてわれわれが造林を始める二、三年前から、地元のU林業という業者が残った部分の伐採を再開していた。われわれは彼らの架線を借りて、宿舎の資材や苗木や生活物資などを運んだのである。だがUが採算がとれなくなって、二年ほどで事業を引揚げてしまうと、われわれは新しく自分たちの架線を張った。

現代人往来

U林業の飯場は、キリクチ谷の最奥部にあった。われわれのところからはさらに谷を渡って一時間ほどかかる道程である。彼らは数人しかいなかったが、里への往来の途中はよく私どもの宿舎に立ち寄り、しゃべったりコップ酒を飲んだりした。U林業は事業規模が小さく飯場も辺鄙なために、労働者の確保に悩んでいたようである。やがて彼らが引揚げてしまうと、その山に住むのはわれわれの組だけになってしまった。名もない山で登山コースからも外れているために、われわれにかかわりのない遊山者などはほとんど近寄らなかった。

たまに登ってくるのは、事業主で酒造会社社長のNさんと番頭のHさんなど、仕事関係の者に限られていた。彼らは二カ月に一度くらいずつ山を見廻りにきた。また年に一度は県森連のY課長が数日滞留して、事業の査定と測量を行なった。ふだんはわれわれが現場のすべてをとりしきっていたのである。

N社長は五十年配で、よく肥えて福々しい顔をした男だった。家業の酒造業のほかに、不動産業、ガソリンスタンド、食堂なども営んでいたが、もっとも熱心なのは山づくり即ち造林事業なのである。町で儲けた金をつぎ込んであちこちに山林を買っていたが、わけてもキリクチ谷の造林には本腰を入れていた。ここが完成すれば、N家の屋台骨になるだろう、そういって張りきっているのだった。多忙な日程を割いても、木の生長を見にくるのが楽しみなのである。いつも番頭とともに三、四日滞留し、林班に区分した境界に自分で標柱を入れてまわるのが、Nさんの道楽ともいえた。何十年か将来の、伐採する順序まで想定して、山の区分けをしていた。山林を投機の手段としてのみ保持している人びとに比べると、木の生長に夢を託しているNさんの態度は、山林家として本来のあり方ではないかと好もしく思われた。

山に来るときのNさんは、いつも一斗の酒と朝市で仕入れた沢山の魚を土産にたずさえていた。そして三、四日の滞留期間に、われわれも一緒になって、一斗の酒を飲んでしまうのだった。その間に仕事について打合せをしたり、ときにはリンセリ（賃金交渉）も行なうのである。Nさんとわれわれとの関係は、社長とその従業員というのではなかった。彼はたんなる施主であり、われわれは約束の仕事を仕上げることによって、決められた金額を受けることのほか、拘束もなければ、なんらの身分保障もないのである。キリクチ谷が雪に閉ざされているあいだは、南へ下って自分たちで仕事を探さねばならないのもそのためだった。だがなまじ雇傭関係に縛られる窮屈さはなく、むしろ自立しているのだという、誇りのような気持のほうが強かった。

地元の森林組合長のTさんも、たまに山に登ってくることがあった。TさんはN社長の友人で、キリクチの山の造林についても、なにかと相談にのっていたのである。私どもがTさん宅で電話や郵便物を中継してもらっているのも、そのつながりのおかげだった。私設の簡単な電話は、ときには強風や風倒木で切断されることもある。そんなときに連絡事項があると、Tさんは往復三時間ほどかかる山道を歩いて、わざわざ山小屋まで来てくれるのだった。また地元の農協や商店と取引をするについても、Tさんの保証でもって、帳付けで品物を仕入れることができた。

そのTさんの紹介で、都会から山草や庭木の採取に来る人びともいた。最近では自然林といえども、無断の闖入者に対する監視がきびしくなり、植物採取などを禁止している山が多いのである。彼らはいつも三人連れで、年に二、三度やってきたが、私どもにも気を遣って、土産に菓子や罐詰をたずさえていた。小屋が留守のときには、土産物を置いて、「いつもの男より」と添書きがしてあった。互いに名前も知らず、ろくに話を交したこともなかったが、それでも山にはまれな来訪者として、心に留まった。

また一度だけ、若い女性が道に迷ってきたことがあった。

その日仕事を終えて最後に現場から下ってきた男が、林のなかで女に出会ったと言った。先に歩いてゆくので声をかけたが、じきに見失ってしまったという。そんなことはいままでなかったことだから、ほかの者は信じようとしなかった。そりゃおまえ狸に化かされたんじゃ、とからかう者もいた。ところが日が暮れてから、本当に女がおずおずと小屋を訪ねてきたのである。十津川の神納《かんの》川から伯母子岳《おばこだけ》に登ったのだが、下山の途中で道がわからなくなったのだという。大阪の女子大生だというその娘に食事をふるまい、カシキのおばさんの部屋に泊めてやった。明くる朝、私は里まで送ったが、彼女はすっかり快活さを取り戻し、昨日はじめて山の人に出会ったときには怖くて逃げたのだ、と笑って打ち明けたりした。

翌年の春、その娘はこんどは友達を二人連れて、ふたたびキリクチ谷へやってきた。彼女たちは二日と一晩山小屋にいて、土産に持参したもので都会風な食べ物をこしらえたり、一緒に酒を飲んだりした。それは甘い爽やかな風が、山の男たちの胸をさっと撫でて通るような出来事だった。

宿舎を建設したり、苗木畑の開墾や仮植に平集落の人びとと一緒に働いたことは、前に書いたとおりである。そのほかでふもとの里との交渉は少なかったが、ときどき泊まることのある民宿の夫妻とは、かくべつ懇意にしてもらっていた。その家では、食料品を町の市場から取り寄せたり、郷里への連絡を中継するなど、森林組合長同様、親身に便宜をはかってくれた。郷里を離れた未知の土地でのそういう親切は得がたく、しかも心強いのである。

珍しい例外としては、イギリス人が一度山小屋まで来たことがあった。都会にいる私の友人に同行して遊びにきたのである。長身のその青年は山道を登る際には、長い脚を使って軽々と歩いた。ところが帰り道で急な下り坂になると、なぜか身体のバランスが崩れて、へっぴり腰になった。ともあれ紅毛碧眼《こうもうへきがん》の客が山を訪れるというのも、国際化時代といわれる現代ならではのことといえよう。

ひと、われを人夫と呼ぶ

キリクチ谷の山小屋に常駐しているのは、数名から一〇名ほどだった。作業量からいっても、また宿舎の収容スペースにしても、その程度が限度なのである。だが、四十八年から五十三年までの五年間に、ここで働いた顔ぶれは三〇名以上にのぼった。つまり労働者の入れ替わりが頻繁だったということである。

仕事は仲間の共同請負というかたちをとっていた。みんなで合議して作業にあたり、稼いだ金についても、出役日数に応じて公平明朗に分配され、ピンハネなど特典にあずかる者はいなかった。私は現場責任者という立場にあったが、会計はべつの者に任せていて、いわば責任の分担と連帯を心がけていた。

とはいえ、個々の労働者における、能力や責任感のもち方はさまざまだった。二、三日働いただけで、挨拶もせずに帰ってしまった者もいる。ここを失業中のつなぎ程度に考えていて、ほかでもっと有利な仕事が見つかると、途中でそちらへ移ってゆく者もいた。そのときの一時的な儲けだけを本位として、木の育成についてはあまり念頭になさそうな作業をする者もあった。もちろん責任感旺盛で積極的な人物もいて、そういう人びとが仲間を引っ張り、全体としては仕事もはかどってゆくのである。

山の労働者のうえにも、世間の景気の動向が影響することはいうまでもない。キリクチの造林が始まった四十八年は、世界的な供給不足によるいわゆる石油ショックがあり、経済不況が深刻化しつつある年であった。つづく四十九年にかけては、私どもの現場へも仕事を申し込んでくる者が多かった。土木関係事業の縮小や、町の中小企業の倒産などによる労働力の余剰が、山奥の現場までにも影響をおよぼしたのである。他の職種からの転向者もやってきた。だが、彼らはおおむね長続きしなかった。山の労働や環境のきびしさは、彼らの想像以上のものだったであろう。また、その後景気の動きも小康状態を保って、村や町でも、どうにか仕事にありつくことができた。

労働者の定着率が低いのは、職場そのものにも原因があった。くり返し述べることだが、行政面においても、また事業所内でも適切な保障がないという点である。その日を稼ぐ以外に、一つの職場に長く働くことのメリットがなにもないとなれば、執着心や責任感もおのずと削がれる。一時の儲けを求めて、あちこち渡り歩く者を咎めることはできないのである。

また同じ山の労働であっても、近ごろでは小屋での生活がとくに敬遠される傾向になっている。道路事情がよくなって、通勤範囲も広くなった。それだけ飯場そのものも少なくなり、キリクチ谷のように、車を置いてなお山小屋まで一時間余りも歩かねばならないというのは、まれなケースなのだ。そこではわずかに自家発電の電灯があるくらいで、日常生活における便利さは、里に比較すれば雲泥の差がある。里から山小屋に来るのは、いわば文明の針を逆に廻すようなものなのである。仕事がないあいだはそこで我慢していても、里の雇傭条件がよければ、おのずと誘われるのも至極当然であった。

山を下りる者がいて人手が足りなくなると、また新しい労働者を募った。里に比べて、いくらか稼ぎがよいことだけが取柄である。だがそれにしても、家族からも別居した不便な生活がいつまでも続くはずはなく、労働者の流動は山中の現場の宿命ともいえた。

労働者、とつとめて表現してきたが、一般にはわれわれのことを人夫と呼ぶのがふつうである。一部には職人ということもあり、新聞などでは山林労務者ともしているようだ。職人というのはともかくとして、自分が人夫と呼ばれることについては、いささか抵抗を感じないではいられなかった。

人夫にはつづいて人足という表現が連らなる。人夫人足といえば、強制的に徴発された労働力、つまり封建時代や戦時下のそれを想定せしむる。彼らには自立した人格は認められず、その仕事は職業とはいえなかった。同じ肉体労働者であっても、大工や左官などのそれはれっきとした職業であり、したがって彼らは人夫などと呼ばれはしない。山の労働者についても、少し時代をさかのぼれば、たとえば木を伐る者はサキヤマと呼ばれ、製板する者はコビキであり、運材に従う者はヒヨウであった。いずれも独特な技術を身につけ、職人としての権威が認められていたわけである。それが現代では、伐採や搬出の職人も、造林のそれも一緒くたにして、人夫と呼び捨てられている。それは職人の社会的地位の凋落を意味するものでなければ、言葉づかいの誤りであろう。

初期の二年間にはさかんに入れ替わっていた仲間も、その後は顔ぶれがかなり安定するようになった。山の景気は相変わらず低迷していて、ほかの事業所に移ろうにも、仕事は少なく、ましてぼろい稼ぎなどあるわけがなかった。つまりマイナス状況がもたらした一時的な安定である。ともあれ事業主にとっては好ましいことであった。また現場の様子がわかっている人びとを相棒にしているのは、責任者の立場にある私としても安心だった。

N酒造のほうでは、はじめの年間五〇ヘクタールを植栽するという計画を縮小して、平均二〇ヘクタールの割合で進行していた。三月下旬から苗木の運搬と仮植を行ない、四月と五月は植栽、そして六月から九月までは下草を刈り払うのである。労働者の大部分はわずかながら田圃も耕作しているので、初夏と秋の農繁期には、それぞれ一〇日前後は郷里へ帰った。もちろん、田畑を持っていない者は、ひきつづき山小屋にいるのである。だがそれでも一カ月に一度以上は郷里に帰り、家族との交歓やそのほか雑用をすませて、また山に登ってくるのだった。九月から十二月にかけては地拵えである。予定の面積を、本格的な雪が訪れるまでに片づけねばならない。だが積雪が早く、水道の水も凍ってしまったために、地拵えの仕事を翌春に残したまま、山を下りた年もあった。

野生動物と食害

　四十八年の秋、はじめてキリクチ谷に入ったとき、まず鹿のさかんな啼き声に驚かされた。新しく建てた山小屋のすぐ近くにもいて、ブウオッ、と高らかに叫ぶのである。山々の紅葉が始まるころから落葉して裸になるまでの季節、朝も昼も夜も、毎日のように啼いた。

　鹿はかつては珍しい獣ではなかった。たとえば熊野の山里でも、薪炭林《しんたんりん》など広い自然林があった三十年ごろまでは、農家の縁側にいて、彼方の山から響いてくる鹿の声を聞いたのである。笛のように透明なそれは、紅葉とともに秋の里の風物詩であった。猟の季節になると、追われて山から落ちてきた鹿が、田圃近くの小川を駆けぬける姿もよく見られた。だがここ二十年ほどのあいだに、それも昔語りでしかなくなった。自然林の皆伐と人工造林が進み、里近くの山では軒先から頂上までを杉と檜の林が埋めたからである。もはや紅葉も見られず、そこでは木の実や下草など食餌もなくなったので、動物たちはまだ自然林の残されている奥山へと退却していったのだ。

キリクチの山は、伯母子岳をへて護摩壇山《ごまだんざん》へと尾根で連らなっている。そのあたりも伐採と植林が侵蝕しつつあるが、部分的にはまだ原生林が面影をとどめていた。したがって野生動物の密度も濃いのである。鹿のほか、猪、カモシカ、熊など大型の獣も棲息していた。作業をしている足許から、野兎が逃散することもあり、ここでも狸が餌を求めて小屋を訪ねてきた。

まわりに動物がたくさんいるというのは、心豊かな感じがするものである。声を聞き、姿に出会い、あるいは足跡を見かけただけでも胸がはずんだ。ときには狩猟をして御馳走にあずかるという楽しみもある。それも人間と動物の一つの共存のかたちといえよう。最初の二年間ほどは、べつに問題も起こらなかった。ところが植林地の面積が、キリクチ谷流域の一割以上におよんだころから、動物による被害が目立つようになったのである。杉や檜の苗木の穂先が摘みとられ、あるいは根元部分の樹皮が剝がれた。

はじめは野兎の仕業かと思われたが、やがてそれに鹿やカモシカも加担していることがわかった。穂先の摘み方や、まわりに残されている糞や足跡によって、犯人がわかるのである。造林地内で遊んでいる姿を見かけることもあった。彼らがやってくるのは、隣接する広葉樹林が落葉し、その下草も雪に埋まっている冬から春先までの期間である。夏には食害がないところをみると、彼らにとって杉や檜はとくべつ上等な食物ではないようであった。

穂先を摘まれた苗木は、曲りくねって盆栽のようになり、木材としての生長は望めないし、皮を剝がれた木（それは野鼠と野兎が齧るのだ）は、やはり生長が阻まれ、ひどいものは枯れる。そのような木はつぎの春、べつの苗でもって植え替えねばならない。つまり補植というものを行なうのである。キリクチ谷では被害は年を追ってふえ、造林面積の一〇パーセント近くにものぼるようになった。動物たちは一度餌にありつくと、その味や場所を忘れないから、補植した苗が冬になるとまた食い荒らされ、さらに補植をくり返さねばならない。山林家はそのぶん出費がかさむわけであり、仕事を任されているわれわれとしても、被害を報告するのは楽しいことではなかった。伯母子岳のふもとの国有林では、たまりかねて造林地を一部放棄したということも聞いた。

対策を講じなければならなかった。造林地の周囲に金網を張るとか、苗木にポリエチレンのネットをかぶせるといった方法も話し合われた。だが手間と費用がかさむうえ、一メートル近い積雪のなかでは、効果がないどころか雪害を招きかねないということで、結局昔ながらの罠を張るだけにとどまった。それも主として野兎用のものを、のべ数十日を費やして数多く張りめぐらせたのである。それは三〇羽ほどの野兎を殺し、まずまずの効果をあげた。同時にヤマドリもかなり罠にはまり、さらにそれらの死体を狙ってきた狸やテンも首を吊る羽目になった。

鹿やカモシカが苗木の穂を摘むなど、かつてはあまり聞かなかったことである。二十年昔、私が西ッ谷の造林に従事していたころ、野兎による食害がようやく問題になろうとしていたが、鹿やカモシカのそれには注意を払う者もいなかった。十年前、果無山脈の造林においても同様である。とくにカモシカが、全国の林業地で問題にされるようになったのは、ここ数年来のことだ。カモシカは、国の特別天然記念物として保護されているために、繁殖を続けて植林に害をおよぼすようになった、という説を唱えるむきもある。その対策として、岐阜県の山岳地帯などでは、捕獲による間引(頭数削減)を許可せよと、環境庁を突き上げるまでにいたった。現場で食害に悩まされてきた一人として、関心をそそられる問題である。

食害の根本原因は、動物の繁殖によるものだろうか。そもそもカモシカは繁殖しているのだろうか。私は専門的に調査研究のできる立場にはないが、実感として、少なくとも紀伊半島の山中においては、大型の野生動物は減少の一途をたどっているものと思う。そしてカモシカだけが例外とは見なさない。

その原因の一つは、ハンターの増加にあるだろう。ライフルやトランシーバーで装備した男たちが、延長された林道に車を駆って奥山まで入ってくるのである。禁猟獣であるカモシカには直接銃を向けないまでも、猟犬はそれを攻撃せずにおかない。また鹿や猪の罠に犠牲になっているカモシカの姿を、私も何度か見かけた。必ずしも保護が万全とはいえないのである。

減少のいま一つの条件は、その棲息範囲がしだいに狭められていることだ。いうまでもなく人工造林地の拡大によってである。木炭の原木やシイタケのホダ木をとる場合は、必要な太さのものを伐り、細いものは邪魔にならないかぎり残しておく。春になると伐採分を新芽が補充するので、山が荒れることもなく、動物たちの食餌も満たされる。ところが現代の人工造林というのは、自然木を皆伐し、杉と檜だけで山をおおってしまうのだ。春に繁茂してくる雑木や雑草の芽は刈り払われる。食害がひどいのは、この植林して数年間のことである。その後は木が生長して葉も摘めなくなり、陽が遮られるから下草も衰えて、全体的に食餌が減少する。ここ二十年来採用されるようになった密植方式がそれに拍車をかけた。われわれの地方では、かつては一ヘクタール当たり三〇〇〇本というのが標準の植栽だったものが、その後は増加する一方で、現代では五〇〇〇本前後の苗木が植えられている。それらが冬に落葉することもなく、いっせいに生長するわけだから、十数年の後には、他の雑木や雑草は完全に消滅するわけである。そこは動物たちが隠れるには好都合であっても、食餌という面では、せいぜい兎や熊が樹皮を剝ぐ程度で、草食獣である鹿やカモシカにとっては砂漠にひとしいだろう。ついでにわれわれの食物である山菜などもなくなるのである。

動物たちは食餌を求めて、自然林の残されている地域へと移動してゆく。そしてわれわれ労働者もまた、植林を終え手入れ作業も少なくなった山を後にして、新たな造林地へ向かうわけである。そのようにして私も、西ッ谷から果無山脈へ、さらに十津川流域へと渡ってきた。植林という名のもとに、本来の自然の生態系を破壊し、それを害するからといって動物たちを殺し、彼らを追いつめてきたというのも、われわれの生活の一つの側面であった。
自分が植えて、手入れをして、年ごとに生長してゆく木に対しては、もちろん愛着を抱かずにはいられない。その気持がなくては、労働というものが過酷でむなしいものでしかないだろう。しかし杉と檜が鬱蒼と茂っているだけの森林は、自然として接する場合は味気ないばかりか、息苦しささえ感じられる。その点では、私も野生動物と同じだ。仕事以外で山歩きや登山をするときは、やはり雑木林がよくて、とくに原生林のほうに魅力を感じるのである。木の種類が豊富なそこでは、陽射しは明るく、新芽や紅葉の彩りも変化に富み、さまざまな小鳥や昆虫や、草花や茸などが多様な生を営んでいる。そのあるがままの自然を愛でながら、同時にそこを侵蝕し、消滅させねばならないのである。

キリクチ谷の野兎はいくらかやっつけたものの、鹿やカモシカによる食害が減ったわけではなかった。いわゆる監督さんのカモシカは、崖の上からわれわれが苗木を植えるのを眺めていて、夜になると植林地へ出てくるのである。犬をけしかけて追っ払うと、しばらくしてまたべつのやつがやってきた。この地域の棲息密度が高いことは疑うべくもなかった。だがそれでもって、一般的にカモシカが繁殖しているというふうには、やはり私には思われないのである。食餌が豊富だったふもとの山々は、すでに不毛の人工造林が席捲しており、またそこはハンターや猟犬がうろついている危険な世界なのである。だから雪深い頂上近くにとどまり、周囲の造林地に出没して、植えてまもない苗木を食うことになるのだ。いわば局地的に残された自然林へと追いつめられた姿にほかならない。

いま間引の必要を訴えている岐阜県のことについては、私は実態がわからないので、なんともいうことができない。本当に繁殖しているものなら、撃って毛皮を利用し、あるいは食用にするのもよいだろう。長い歴史のなかで、人びとはそのようにして動物と共存してきたのである。しかし和歌山県や奈良県の森林においては、先に述べたような状況からして、狩猟することには賛成できない。多くの野生動物が減ってゆくなかで、せめてカモシカを聖域として手をつけないでおくべきだと思う。自然と人間のあり方について、彼らは今後とも警告を与えてくれるだろうから。

ダムに沈む木

十二月から三月まで、キリクチ谷が雪に閉ざされているあいだは、比較的雪の少ない南の山へ下って働いた。規模の小さい短期間の仕事を、ふだんから心がけて探しておくのである。たいていは造林の仕事だった。紀伊半島の海岸近い山では、春の訪れも早く、そちらで二月から三月に植栽をすませ、四月からキリクチ谷を始めるのが、ちょうどよいタイミングだった。

造林のほかに、木材の伐採と搬出などを行なった。またある年（五十二年）の冬には、十津川支流の山中で、発電用ダムの底に沈む部分の立木の伐採と除去に従事したこともあった。

そこは旭川《あさひかわ》というところで、私どもが入ったとき、すでにダムの堰堤も完成し、貯水の日も近くなっていた。大手の建設会社による工事だったが、立木の伐採と除去の部分だけを下請した者から頼まれて応援に行ったのである。その少し前に、崖の中腹で伐採をしていた男が木に撥ねられて転落死するという事故があった。そのために仕事が遅れ、期限がせまっていたのである。

ダムは揚水方式になっていた。谷川を堰きとめて貯水をするとともに、山の上部にもう一つの貯水池をつくっていた。下のダムの水を夜間の電力で上部の池に揚げる仕掛けだった。そこから落下した水が発電のタービンを廻すとともに、また下のダムに流れ込むわけである。一般のダムの場合とちがって、水没地帯の木を除去するのも、揚水の妨げになるからだった。

上下二つのダムと発電所の建設に、最盛期には一千人近い人びとが働いていたという。谷峡にはプレハブの飯場が建ち並んでおり、われわれもその一棟を借りて住んだ。食事は会社の食堂でとることになっていて、朝と夕べには、黄土色の作業衣にヘルメット、地下足袋姿の男たちに連らなって、われわれもそこへ向かうのだった。

斜面の木は、すでに伐り倒されて枯れていた。われわれは手分けをして、太い木は架線に吊って運び、細い木や枝などは、梃子で撥ねて谷底に集めた。近代科学の粋を集めた発電ダムの建設においても、われわれが受け持っている部分は、昔ながらの肉体労働の手作業だったのである。朝の仕事に就くのも早かった。こちらがひとしきり働いたころ、建設会社の事務所前ではようやく社員たちの朝礼が始まり、体操などをする姿が見えた。

雪は少なかったが、大峰山脈からの吹き下しの風がきびしく、旭川も寒いところだった。そのうえ、作業の手順や人間関係にも、なにかにつけ疎漏が感じられた。木を谷底へ寄せ集めると、下請の親方は、火をつけて燃やしてしまうように命じた。そのなかには太い木もあった。長い時間をかけて、ようやく燃焼が本格的になったころ、電力会社の責任者が血相を変えてやってきて、すぐさま消すようにと言う。谷川からバケツで水を汲んで火を消すのに、また半日がかかった。ところがつぎの日になると、上部で話し合いがもたれた結果、やはり燃やしてしまえというのだった。また勘定のことでも揉めごとがあるらしく、親方と先入りの労働者の間柄もしっくりしていなかった。

労働者が遭難した崖には、男が伐りかけた樅の木と黄色のチェンソーがそのまま残されていた。誰も片づけに行こうとしないのである。それは現場の締りのなさや、互いの気持の白けぶりを象徴しているかのような光景であった。

置いてあった仲間の車が、誰かに当てられて壊れた。さらに、こんどは仲間どうしで追突事故を起こした。買ってまもない車が壊され、一人はムチウチ症になって山を下った。木を燃やしていた火が山に入り、一夜は消防車が出るなどの騒ぎもあった。さらにまた仲間の一人は、腕に怪我をして去り、二、三日後には、災難は私にまでおよぶ羽目になった。

そのとき私は、崖の中腹で、伐り倒してある木を引き出していた。なかには木と木が絡まって動かないのもある。それを鋸で挽いていると、撓《しな》った樫の木が跳ねてきて、したたか首を打った。ロープで身体を吊りながらの作業だから、避けようがなかったのである。

それから二カ月間、私は里に帰って療養生活をおくった。春になって、ようやくキリクチ谷の仕事に復帰はしたものの、後遺症は急には回復せず、現在もなお曖昧な鈍痛に悩まされている。またどういうわけか、労災保険の手続きも遅れていた。腕を切ったもう一人の仲間も同様だった。書類をあずけた下請人に催促すると、手続きはしているという。だが半年ほど待っても埒があかないので、自分で労働基準監督署へ出向いてみると、傷害の事実すら届けられていなかった。

なお、このときの賃金については、はじめに口約束があったわけだが、結果は内渡し金として、その七割程度をくれるにとどまった。私の労災補償も、何度か労基署に足を運び、親会社に直接談判をするなどして、一年後にやっと手続きがなされた。

この私のささやかな体験は、電源開発のようなきわめて現代的な事業下においても、山の労働者の環境は旧態依然であること、いくつもの下請を経過することによって、むしろ一般よりも無秩序な状況におかれていることの一端を示すものといえるのではないだろうか。

機械使用と振動病

機械化という面では、山の作業はもっとも立ち遅れていた。造材（伐採・搬出）部門でも、ここ四半世紀のうちに、ようやくチェンソーと架線が普及しただけである。チェンソーは、チェンの回転によって木材を切断するものだが、機械そのものを手に持って使わねばならず、架線にしても、道路における運搬に比べると、きわめて不便な代物といわねばならない。一方造林のほうでは、最近まで作業のほとんどを道具に依存してきた。

地拵えにおいても、チェンソーをまれに使用することはあったが、だいたいは大きな木は少ない伐り跡の作業だから、用途は限られている。むしろ草刈機のほうが使用時間ははるかに長い。造林作業における機械といえば、この二つをおいてほかにはない。

草刈機がぼつぼつ使用されるようになったのは、チェンソーよりは十年以上も遅く、四十年代に入ってからのことである。はじめは農作業の草刈りなどに使われるほうが多かった。その後に改良が重ねられて、エンジンの馬力も強くなり、かなり太い木でも切断できるようになって、山の作業にも普及した。われわれが地拵えや下草刈りに、それまでの鉈や鎌に代えて本格的に使うようになってからだと、まだ数年以上にならない。

草刈機は、一方に一、二馬力程度のエンジンがあり、それに一メートル余の棒が接続され、先につけてある丸鋸の回転で、草や木を薙ぎ払ってゆくというだけの単純な機械である。チェンソー同様、手に持って使うのだが、目方は二キロ前後あり、エンジンと鋸刃の回転による振動も激しく、肉体的な負担は道具よりもはるかに大きい。また疲労の質においても相違があるといえよう。そこでは使用時間も問題になる。にもかかわらず、チェンソーや草刈機が道具にとってかわったのは、やはり作業能率が高かったからである。一時的な勘定では、たとえば鎌で刈れば日当一万円にしかならない作業が、草刈機だと一万五〇〇〇円程度にはなった。

しかし、だからといって、結果として稼ぎがそのぶん増したわけではなかったし、また道具時代に八時間労働だったものが、機械によって六時間で解放されることにもならなかった。機械の能率を基準にして、仕事の請負金額が決められたからである。つまり相対的に賃金は切り下げられ、しかも振動などによる肉体的負担は増した。機械化による利益の多くは、事業主側が手に入れたのだった。

いったん機械が普及してしまうと、これを道具に戻すことはむつかしい。それはまず端的に稼ぎの低下をもたらす。また機械に馴れてしまうと、もう元のように道具が使えなくなるのである。つまり機械の単純な力が、身についた熟練の技術を駆逐するのだ。この感覚は実際に体験した者でなければわからないかも知れないが、いわば中毒のような症状ではないだろうか。麻薬中毒になぞらえて、機械中毒とでもしておこうと思う。

機械中毒は麻薬に似て、それを使用する者の肉体を蝕むのである。それははじめ白蠟《はくろう》病と呼ばれた。手足の先から蠟のように白くなり、感覚も麻痺するからである。機械の振動をくり返し長く受けることによって、神経系統や血管が損われるのが原因だといわれている。しかしその後、症状は白蠟病のみにとどまらないことが判明した。難聴や心臓障害を引きおこし、自律・中枢神経の異状、さらには生殖機能へも影響をおよぼす、全身的病変の危険性が指摘されている。その諸症状を、現在では、一般に振動病《しんどう》と呼び、振動機具使用に起因する職業病と規定されるにいたった。

和歌山県では、龍神村《りゅうじん》をはじめ各地の関係者がこの問題を取り上げて、早期発見、早期治療の運動が行なわれ、山林家や行政機関へも協力をはたらきかけている。現在では検診もかなり行き渡っているが、これまでの結果では、受診者の約三割は要治療者といわれ、なんらかの振動障害が指摘される者は、全体の八割にものぼるという。残る二割も予備患者と見てさしつかえないだろう。まさに山林労働者の存亡が問われる問題なのである。

振動病と診断されると、当然労災保険が適用されることになっている。この場合も国有林など一定の職場で長期間働いている者はともかくとして、民間の業者を渡り歩いてきた人びとについては問題が多い。つまり労災保険の適用を受けるには、おのおのの事業主の証明が必要なのだが、休業補償についても金額の差がはなはだしく、まして離職中の者が患者となった場合など、救援措置が十分に講じられているとはいえない。

振動病を治すには、いまのところ即効薬はなく、長期療養に頼るしかない。労災の認定が遅れるとか、あるいは休業補償が低額だったりすると、治療もままならないわけである。だから障害のある身体でありながら、無理を承知で仕事を続けている者も決して少なくない。それは症状の悪化をいっそう早め、治療不可能なところまで追いやられることは目に見えているのだが。

患者対策が十分になったとしても、その発生の原因を絶つことが根本問題であるのはいうまでもない。一つの手だてとしては、振動の少ない機械を考案することだが、いまのところ見るべき成果はあがっていない。また振動機具の使用時間を短縮すべきだということも、しきりに言われている。労働省などがとっている姿勢がそれで、チェンソーの使用は一日二時間以内とするよう行政指導をしてゆくという。もっともな提案だが、請負制度や出来高制度のもとでは、時間短縮はすぐさま労働者の収入減につながるのである。その問題をあわせて考慮しないことには、時間短縮も実行がむつかしいのではあるまいか。

チェンソーや草刈機の使用は、人間が本質的にもつべきはずの働くことの喜びや楽しみをも、はなはだしく損ねているといわねばならないだろう。そこではおのずから機械の拘束を受け、けたたましい騒音に神経をかき乱されながら働かねばならない。斧《よき》、鋸、鉈などの道具を駆使していたときのような、自然との調和のとれたリズム感や、牧歌的な雰囲気も必然的に失われてゆく。かつて山衆たちが哀歓をこめて歌った山唄や木遣《きやり》唄や木挽《こびき》唄などはとうに忘れられ、うろおぼえの演歌すらも、機械音のなかにかき消されがちである。

振動病のことはさておくとしても、山の男のなかに健康を害している者は多い。かつて果無山脈にいたころ、三棟にわかれていた山小屋の一つを、みんなは冗談に病院と呼んでいたことがある。たまたまそこで寝起きしていた数名が、なんらかの病気をもっていたからだが、どこの現場でもあまり状況は変わらない。林業労働者の職業病ともいうべきものに、筋肉痛、神経痛、リューマチなどといった疾患もある。肉体の酷使に加えて、湿気の多い環境が悪影響するのであろうか。

山小屋では、働きながら毎日治療に通うというのは、できない相談である。医者へ行く日はその前後を含めて、少なくとも二日は仕事を休まねばならない。そして山に入るとなると、何日分かの薬をまとめてもらってくるのである。夜、背中をはだけて、鎮痛剤を貼ったり、あるいは仲間に灸をすえてもらったりしているのも、山小屋でよく見かける光景である。

ほかの職業人に比べても、病気を多くもっているように思われるのは、山林労働者の高齢化が進んでいるせいもあるだろう。年をとれば、肉体的に不都合な箇所ができてくるのもまた当然のことだ。振動病というのも長年機械を使いつづけた結果であって、その患者もつまり中高齢者ということになるわけである。

しかもその平均年齢は、年ごとに上昇の一途をたどっている。自営の山林家はべつとして、一般の労働者においては、若者のなり手が皆無に近いのである。過去五年間にキリクチ谷で働いていた三〇名を例にとってみても、年齢構成は、二十代…一名、三十代…五名、四十代…一三名、五十代…六名、六十代…四名、七十代…一名（いずれも昭和五十二年時点）というふうであった。その後、これより若年者は一人も加入していないから、全体として確実に高齢化しているわけである。現在どこの現場においても、労働者の主力は四、五十代の人びとだから、この状態で進めば二十年後にはどういうことになるか、おのずから察せられよう。

だから労働者の健康の問題も、中高年者のそれとして考えねばならないのである。

そしてやがては老人問題というところまで行きつかねばならないだろう。

かつて、果無山やキリクチ谷でも、七十すぎの老人が働いていたことがある。しかし長続きはしなかった。老人向きの軽い作業がなくて、一般の人と一緒に働かねばならなかったからである。だが、やはり肉体的には無理なことで、老人だからと周囲がかばえば、それがまた当人には心理的な負担となる。で、なんとなく自分からやめて、山を去っていくのである。第一線から退いた老人たちは、達者なあいだは、里近くの山で臨時的な小仕事をしたり、百姓を手伝ったりしている。まとまった収入はなくても、身についた生活のつましさで凌いでゆけるのだろうか。なかには老人ホームへ行く者もある。

またわれわれは、労働災害はべつとして、事故に遭ったり病気になったりした場合の保障はなにもない。風邪で三日寝込んでも、そのぶん収入が減るのだ。ましてたいした貯えなどあるはずはなく、長く患えば、生活は惨憺たるものにならざるをえないだろう。そのような境遇にあっても、人びとは家庭をもち、子を育て、精一杯の頑張りでもって生活を維持しているのである。

キリクチ谷を去る

四十八年九月から五十三年十一月まで、五年間に、キリクチ谷二五〇ヘクタールのうち、約半分の一二〇ヘクタールに植林を行なった。そのあいだに、カシキを含めて、多くの人びとが入れ替わり、ひきつづいて働いたのは私だけだった。ここは私にとって、職場というだけでなく、住居でもあった。また造林地の様子についても、隅々にいたるまで、誰よりも——山主であるN酒造の社長よりも——よく知っていた。山の所有者は誰であろうと、ここは私の山であり、一二〇ヘクタールの造林地は、良くも悪しくも、五年間にわたる私の作品だという自負を、ひそかに抱いているのだった。

だがそのキリクチ谷からも去るときがきた。五十三年の暮れのことである。

それより一年ほど前、私の母親は、町の仕事をやめ、田舎の家に帰って暮らしていた。ところが身体の具合がよくないと訴えて、私にも里に帰って働くようにと言ってきたのである。病気のほうはたいしたことはなかったが、一人暮らしが心細かったのだろう。また、やはり一年ほど前に、私は四十歳にしてようやく妻をもつ身になっていた。だが結婚はしたものの、妻は自分の仕事をもって都会に住んでおり、私は山小屋暮らしを続けるという、変則的な生活をしていたのである。老いてゆく母親のことを含めて、いずれは家庭のかたちをつくらねばならなかった。

仕事は来年度の作業道づくりを終わって、これから地拵えを始めるという、ちょうど区切りのよいところだった。あとのことは仲間に頼んで、私は山を下りることにした。

その朝、私はいつものように、まだ薄暗い時刻に起きて、仲間と一緒に朝飯を食った。それから彼らは作業に出かけてゆき、私は身のまわりの品々を荷造りした。いつも年の暮れになって山を下りるときは、翌春のために小屋に閉じこめておくのだが、いまはすべてを整理して、不必要なものは焼き捨てた。道具、着替え、寝具、そのほか雑多な品々など、五年間の生活を支えたものを荷造りすると、ちょっとした引越の観があった。たまに町で買ってきた本も相当にたまっていた。

それらをまとめて荷台に積み、架線を廻してふもとの林道まで下した。そして私は飼い馴れた犬を呼んで山小屋を後にした。山から里への道は、杉の林の下を抜け、大きな栃の木が二本並んで聳えている谷（水道ホースが凍ると、この谷から桶で水を汲んだ）を渡り、さらに雑木林へと続いている。犬に追われて不意にヤマドリが翔んだ。見晴しのよい丘に出ると、私はいま一度、山小屋をふり返った。

冬枯れた雑木林に埋もれるようにして、青い屋根が小さくひっそりと佇んでいた。ごみを燃やした煙が、背後の林にうっすらと昇っていて、その向こうから朝の陽射しがわずかに覗いている。いまカシキのおばさんは、食器を洗ったりして朝食の後片づけをしているところだ、と私は思う。丘に隠れて造林現場は見えなかった。だが私は、その山のかたちや谷川の流れや、林のたたずまいや道端のちょっとした岩塊でさえ、自分の庭の景色のようにはっきりと思い浮かべることができた。しかし仕事にかかわりがなくなれば、あの山をふたたび訪れることはないだろう。

毎年三月下旬になると、私は仲間に先がけて山に入り、植林の準備を始めるのがならわしだった。まだ根雪が残っている早春の山に犬とともに帰ってくるのは、胸の弾むような喜びだった。そこでは草木や鳥や獣たちも、私を待ってくれているような気がしたものである。だが来年の春は、もう彼らにまみえる楽しみもなかった。そしてたぶん永久に。

私が植えて手入れをしてきた杉や檜は、いなくなった後にも生長を続けて、やがては鬱蒼とした森林になることだろう。そのとき、どんな顔をした人間がこの木を植えたか、ここにどんな生活があったかということを想像する者がいるだろうか、ふとそんなことを私は考えていた。いや誰もいないだろう、自然はみずからの生命力でもって揺ぎなく存在しつづけ、一方私がそこで生きたことなどはたやすく忘れ去られるにちがいない。そう心のなかで呟きながら、私はまた山道を下っていった。

第五章　食物記

食物の楽しみ

私の父、源右衛門が、養父から独立し、一人で窯を築いて、炭を焼きはじめたころの話である。

明治の末年、父はそのとき十四、五歳だったという。そこは請川（和歌山県本宮町）の黒蔵谷《くろぞうだに》という渓谷だった。ある日、一人の見知らぬ男が通りかかり、もう日が暮れてきたから泊めてくれと言った。父はその男を小屋に泊めて、食事をふるまい、明くる朝には弁当も持たせて送ってやった。それから一カ月ほどすぎて、その男がふたたび訪れたが、この前のお礼だと言って、大根を重たいほど持ち込んできた。父は、大根に味噌をつけて生のまま食ったが、その美味かったことはいまも忘れられないと、よく私に話したものである。晩年になってからも、父はそのときの嬉しかったことを、くり返し語って聞かせた。

これは、山中生活における食物のあり方について、本質にせまる話といえよう。一つにはただの大根でさえ甘美に感じられるほどに、食物に欠乏した状態であったことを物語っている。いま一つには、単調な日常生活のなかで、食物はほとんど唯一の楽しみであり、ときには数十年を経過してなお印象に残るほどの、いわば事件ともなりえたということである。

まず手近なところに食物がない、というのは、いつの時代にも変わることのない、山中生活の宿命である。それはつねにかなり離れた里から運んでこなければならなかった。里ですら、都会と比べると品物の種類は少ないが、山中に入るとさらに乏しくなる。距離的時間的制約があるから、いつでも仕入れるわけにはゆかず、しかも貯蔵設備はないから、新鮮な食物にありつけるのはまれなことだ。いきおい献立の基調になるのは、保存のきく品目ということになる。魚であれば罐詰や干物や塩物など、また野菜だと芋、豆、玉葱など、さらにヒジキ、高野豆腐のような加工品である。そしてたまに新鮮な野菜や肉や、ブエン（無塩――生のこと）の魚などが食事にのぼると豪勢な御馳走というわけで、それはまた日常生活を彩って、一つのアクセントの役割をも果たす。

造林小屋などでは、家族との団欒もなく、またたいした娯楽があるわけでもない。昼の弁当の楽しみもさることながら、一日の労働が終わり、くたびれて帰ってくる身を待ちうけているのは、飲食と睡眠だけである。今日の夕飯のおかずはなんだろう、とか、里から荷物の登ってくる日だから、肉が食べられるのではないだろうか、などというのが重要な関心事であり、また慰安でもあるのだ。

私の父親の時代、つまり炭焼きをしていたころに比べると、時代の移り変わりを反映して、山小屋での食物もずいぶん豊富になってきてはいる。味覚においては、もはやわれわれも現代人である。それだけに忍耐性もなくなっている。ときとして肉や魚の類が品切れになり、ありあわせの保存食ばかりの賄いが幾日も続くと、体力的な面とはべつに、精神的なストレスも感じるようになる。毎日が味気なく思われ、眠りのなかで、ボリュームのある肉食の場面が夢にあらわれたりするのだった。たまに仲間の誰かが里に下ると、山小屋に残っている者はその帰りを待ちわびている。里の情報とともに、彼が持参するであろう食物に期待しているわけである。これこれを仕入れてくるようにと注文をしている場合が多いが、それに添えて、自宅で握った寿司とか、あるいはカシキ（炊事係）のおばさんの好みそうな菓子などを、土産に持ってくるといったこともある。そのような心遣いが、山小屋での人間関係の潤滑油ともなった。たまたま里からの帰山が夜更けになっても、美味い肴を持ってきたというので、またみんなが寝床から起きて、酒を飲みなおす、といった場面も珍しくない。

新鮮なもの、美味いものを食うのはなによりの楽しみだが、だからといって、まずい食物が粗末に扱われるというようなことはありえない。それを手に入れるには、里に比べて、はるかに多くの時間と手間がかかっているのである。芋一つにしても、山小屋ではおのずと値打ちが異なる。また好き嫌いなどもいっていられない。どんなものであれ食物はそれ自体の役割を十分果たすのである。

運搬

食料のほとんどは、それを里に求めねばならない。里で仕入れて、そこからさらに山小屋まで運ばねばならないわけだが、その作業もまた仕事の一部をなしているのである。

炭焼きの場合は、たいていその作業を自分で行なう。炭俵を運んで山を下りたついでに買って来るとか、あるいは学校に通う児童がいれば、その者が運搬の役割を担った。学習鞄とともに、味噌や醤油壜をくるんだ風呂敷を背負って、夕暮れの山道を帰ってきた経験を私ももっている。だが、家族あげて仕事に追われているときには、買物に行く時間を惜しんで、欠乏に耐えていることもあった。

集団生活をしているときは、食料の運搬も分業的に行なわれることになる。林道や架線がまだなかった時代には、それは主として女性の仕事であった。明治末期から大正初年にかけての様子を、第四章で述べた名古屋の木材業者「長谷川」の場合に例をとってみよう。当時、果無山麓の東ノ川や広見川では、一つの事業所で四、五十人前後の労働者が暮らしていたといわれるが、食料を主体とした生活物資の運搬には、里の女性が従事したのである。それを常持《じょうもち》と呼び、つまり定期的な仕事であった。

食料品は主として田辺方面から仕入れていたが、近野地域にはまだ自動車道も入っていなかったので、栗栖川《くりすがわ》からこちらの二〇キロの道程は、荷車を牛に曳かせて運んだ。米だと一車につき五、六俵を積んだという。専業の車曳きもいたが、小作百姓の男の副業でもあった。近露《ちかつゆ》や野中の里には、その荷物をあずかる中継ぎの家があり、そこから山小屋までは、女性たちが背負って峠を越えたのである。広見川の奥だと、一日一往復の道程で、朝まだ暗いうちに提灯をともして家を出た。途中で明るくなると、道端の木の枝に提灯を吊り下げておき、夕方に持ち帰った。キリ（伐採）やダシ（搬出）に従事する男の日当が四十銭前後だったころに、一荷（米だと二斗）の運賃が十二、三銭だったという。それは米一升の値段にも及ばなかった。「長谷川」以外の事業所でも、だいたいそれに似た方法で運んでいたものと思われる。時代が下って、私が西ッ谷で造林に従事していた昭和三十六年ごろにも、物資の運搬はやはり里の女性の肩に依存していた。はじめのころは途中までパルプ材搬出の架線が張られていたが、それが撤収された後には、食料品のほか植林用の苗木なども、五本松の峠を越えて肩で運ばれた。一日二往復して、彼女たちの日当は五〇〇〇円、われわれの半分程度だった。

近ごろでは、そのような長距離の常持はまったくといってよいほど見られなくなった。林道が山奥まで延び、車道から離れた山小屋へは、さらに架線を張って、発動機で吊り上げる方法が定着したからである。果無山にも、十津川奥のキリクチ谷にも架線があった。果無では主に現場監督が架線の操作を受け持ち、キリクチ谷では仲間が交替でそれを行なった。林道のそばの土場で荷台に荷物を積み、発動機を廻せばするすると登っていくのである。

だがそれでも、山小屋から里の商店までは相当な距離があるから、食料品をまとめて仕入れるのは、少なくとも半日はかかるのである。ある年の冬、キリクチ谷でこんなことがあった。もう四、五日で仕事が片づくだろうということで、おかずが乏しいのを辛抱して働いていた。わずかの罐詰や塩サンマなど、ふだんは自由に食っていたものを、そのときは各人に分配した。朝飯にサンマを食ってしまった者は、弁当のおかずがないということである。だがついにそれも尽きてしまい、しかも仕事は予定通りにははかどらなかった。やむをえず、一人が里へ食料品を仕入れに下った。それも仕事のうちだから、その者の半日の賃金が約八〇〇〇円、そして買ってきた品物は、残り仕事の二日分の食料で、金額にしてわずか八〇〇〇円ほどだった。その代金と同額の運賃を要したわけである。

食事の形態と内容

山小屋での食事の形態や内容は、その職種によって異なる。また時代につれて変遷も見られる。つぎにそれらについて述べてみたい。

炭焼小屋

小屋の入口近いところに、筵半畳ほどの囲炉裏がある。その上に手製の煤けた自在鉤が吊り下げられている。その一本の自在鉤に鍋をかけて、飯や茶粥を炊き、味噌汁や茶も沸かすのである。囲炉裏は煮炊きをするとともに、暖房の場でもあった。家族がそれを囲んで食事をとるのである。小屋の片隅には小さな棚などもしつらえて、鍋や食器や食物などを置いてあった。だが魚のようなものは、紐で屋根裏に吊るしておいた。鼠やイタチやときには狸が、小屋に自由に出入りして狙っているからである。

食台としては、箱膳または平膳を用いた。昭和二十年代までは、里の家庭でもまだ食卓というものが普及しておらず、めいめい小さな膳について食っていた。箱膳には蓋があり、使うときにはその蓋を裏返して、食器を並べた。おかずが残ったりすると、また箱の中にしまって、蓋をおおったのである。赤ん坊のときはべつとして、少し大きくなると小さな箱膳を一つ与えてくれた。数少ない椀や皿や箸などは持主がちゃんと決まっており、幼かったころの私は、自分のもの以外は、たとえ洗ってあっても使おうとしなかった。

その箱膳をはじめとして、鍋や食器なども煤けたり欠けたりしており、およそ体裁のよいものではなかった。とにかく使用に耐えられるあいだは捨てなかったのである。つぎの山へ移住する際には、縄で縛ってかついでゆくのだ。箸や飯杓子や俎板などは、山の木を削って用いた。

食事は一日三度以上をとった。自営の労働だから、時間は必ずしも定まっていない。腹がすいたと感じたときに食うわけである。

窯の口焚きや窯出しで夜なべをするときには、夜食もあり、一日に五度も食事をする勘定になった。菓子や果物などの間食物は少ないから、口淋しさにその分よけいに食事をしたのである。主食は飯よりも茶粥のほうが多かった。炭焼きの茶粥はかくべつ美味いといわれる。よく乾燥した薪で威勢のよい火を焚くから、さっぱりとした味わいが出るのであろうか。火を燃やすのはお手のものである。真っ黒に煤けて、ところどころへこんだ鍋が自在鉤に吊り下げられ、そのなかで茶の色の濃い粥が、ふつふつと煮たっていた。その熱い茶粥に、生味噌や漬物を添えて食った。

山菜の煮しめや干したイワシでもあれば、上等な食事であった。

副食物は、里から干した魚や高野豆腐など乾物を仕入れたが、野菜は小屋の周囲の柴を焼いて栽培し、それに山菜や渓谷で釣った魚でおぎなった。肉はたまに山の獣肉が手に入る程度で、買って食うということはほとんどなかった。冷凍設備のない時代には、里の店にも肉は置いてなかったのである。塩、味噌、醤油などは里から仕入れたが、砂糖は、私が子供のころには珍しかった。罐詰もきわめて貴重品扱いで、それはまるで美食のエキスを封じこめた宝物のようにまばゆく感じられた。家族の誰かが病気になったときなどに、いかにも丁重な手つきで、斧で蓋を切ってあけて食わせたものである。いわば文明的な食物の象徴でもあった。

食物が乏しければ、親は自分はさておいても、まず子供に与えようとする。私もそれを当然のこととして育った。しかもその習慣は、私が成人した後も続いたのである。たとえば父親との二人の食事のとき、サンマを一尾ずつめいめいの皿にのせて始めたとする。私はふだんの自分のペースでそれを食う。一方父のほうはことさらゆっくりと食っており、私がたいらげてしまうのを見はからい、自分のを半分ばかり残して、黙ってこちらの皿へ移してくれるのである。私も黙ってそれを当たり前のような顔で食ってしまう。父は七十歳をすぎ、私が三十に達していてそうであった。いまにしてみるとおかしな話だが、その逆のことはまったくなかったのである。

ヒヨウ小屋

明治・大正時代、木材のキリとダシに従事した人々の食生活のしくみを「長谷川」を例にとって見てみよう。

常持の女性たちに山小屋まで物資を運ばせた事業主は、専業のカシキ（炊事係）をおいて職人たちへ食事を提供した。ダシの場合だと、食事付で一日四十一銭（上賃）とか四十銭五厘（二番賃）といった日当を支払ったのである。ダシのことを別名ヒヨウともいった。漢字で書けば「日傭」ということになるが、この場合は、キリ、ソマ（杣）、コビキ（木挽）、ウマ（木馬）に並列した職種名であって、土木や植林は日傭いであっても、ヒヨウとは呼ばなかった。近ごろでは混同されて使われてもいるが、かつては木材をシュラという設備でもって山から落とし、谷川を流送する、特別な技術をもった職人たちを指していたのである。

ヒヨウの食事は飯、味噌、茶が親方もちで、そのほかの副食物は個人もちというのが通り相場だった。「長谷川」では、事業主が庄屋に対し、ヒヨウ一人前として、一日当たり米九合と味噌三〇匁（約一一〇グラム）を支給した。一日に米九合というのは、現代人から見れば驚くべき量だが、それだけ労働がきつかったということと、副食物がわずかだったからであろう。庄屋は自分の支配下のヒヨウを、その範囲内で養ったのである。ときには弁当の量が少ないこともあり、飯が軽いといって、男たちの不満を買うこともあったという。またヒヨウが勝手休みをすると、不参代と称して、一日の飯と味噌の代金を給料から差引かれた。

副食物は、各人が自分の欲しいものを事業所から帳付けでとり、やはり勘定のときに差引かれた。だがそれらは乏しい量で、弁当のおかずなどに、よく味噌を焼いて食ったという。焚火をしてなかのくぼんだ石を熱し、その上でお茶と味噌をこねながら焼いた。そうでなければ一日三〇匁の量を、味噌汁だけでは使いきれなかっただろう。

カシキの下には、子ガシキという助手がいた。子ガシキは、手伝い坊とも呼び、十代前半の少年だった。食事をつくるカシキは年配の男で、子ガシキは薪を集めたり、飯を盛ったり、あるいは作業現場へ弁当を届けたりした。飯が軽いなど、ヒヨウが機嫌を損ねたときには、器ごと子ガシキ目がけて投げつけることもあったという。また、ヒヨウが一本材に乗り、それをたくみに操って激流を下ってゆくとき、少年たち（長谷川のような大きな事業所では、二、三人がいた）は彼らの弁当を背負い、川岸を走って追いかけねばならなかった。そこには柳が生えているから、ヤナギムシとも憫笑《びんしょう》された。だがいつまでもカシキを続けるわけではなく、そうして使い走りをしながら、職人の技術を習得し、ヤナギムシからやがては一人前のヒヨウに孵化するのだった。

弁当入れには、ワッパという檜板の曲物《まげもの》を使った。それにおかずを入れる、ひとまわり小さなサイコワッパがついていた。昭和年代に入ると、これに葦で編んだヤナギゴオリが加わり、さらに昭和二十年代になって、私が小学校へ通うころには、アルミの弁当箱を持つようになる。

ヒヨウはいつも山小屋で暮らすわけではなかった。木材が奥山の渓谷から里の川に出てくると、里の木賃宿や大きな民家を借りて常宿《じょうやど》とした。熊野川、紀《き》ノ川、日《ひ》高《だか》川などでは、中流までくると筏に組んで、そこからは筏師の仕事となるのだが、日置川のような水量の少ないところでは、そのままヒヨウが管流《かんりゅう》（一本流しのこと）でもって、河口まで運んだ。一本流しといっても、全体では万を越す本数の木材を、数十人の組織がかりで、下流へ向かってせり出してゆくのである。それをカリカワとも呼び、主に秋から冬にかけての作業だった。全体が下流へ移動してゆくことをキバナ（木鼻）またはキジリ（木尻）がさがるといい、それにつれて常宿も替えていった。

カシキは常宿へもついていった。そこでは庄屋以下一般のヒヨウには、飯や味噌汁を入れた椀を細長い食台に並べて出し、代人のほうには高膳《たかぜん》がつけられた。代人の身分は事業主直属で、現代風にいえば会社の正社員である。山小屋では代人たちは別棟の事務所で暮らしていて、ふだん一般の職人には近寄りがたい雰囲気があった。彼らは弁当入れも職人たちのワッパとは異なり、漆を塗った箱型のものを腰につけていた。おそらく飛騨地方の産物だったのだろう。腰には箱弁当のほかにカモシカ皮の尻敷きと予備のわらじをつけ、懐中時計を持ち、紺またはこまかい縞の法被《はっぴ》とたっつけ袴を着ているのが、当時の代人のスタイルだった。彼らのことを職人たちは、身分的隔意をこめて、冷飯喰いと蔭口したという。職人は作業場がほぼ一定しているから、昼時になると子ガシキが温かいワッパ飯を届けてくるが、代人のほうはあちこちを見廻らねばならないので、朝から箱弁当を腰につけて出た。朝晩は高膳だが、弁当ばかりは冷めた飯を食わねばならなかったのである。

酒はふだんは欲しい者が事務所から帳付けで受け取った。だが仕事の節目や、作業が特別に難渋した日には、ふるまい酒が出されることもあった。たとえば一本の木が岩や淵にひっかかると、あとから流れてくる多数の木もそこで止まって、いわゆるせとこむ状態になる。それを外すには真冬でも水に潜って、岩を割ったり突っ張った木を切断せねばならなかった。そんな苦労の後では、夕餉に慰労の酒が添えられるとともに、特別功労者には酒手札《さかてふだ》なるものも渡された。酒手札は酒のほか、勘定日まで持っていると現金とも引替えてもらえた。

ヒヨウは、水の多少つまり天候によってずいぶん左右されるが、日置川では九月に果無山麓の谷々からカリカワを開始して、十二月末までに、河口に近いアバ（流木をとめる設備）に全部の木材を収めればよいとされた。作業が終了すると、はじめてそれまでの期間の各人の稼ぎ高が計算され、酒代、副食代、不参代や、あいだに前借りした金を差引いたうえで給料が支払われた。それを稼金《かぎん》と呼び、この節季には稼金が少なかったとか多かったなどといって、悲喜こもごものありさまであった。稼金はそのまま家族のもとへ持って帰ることのできる金なのである。勘定と同時に、ヒヨウの集団もひとまず解散ということになった。

自炊のキリ小屋

ヒヨウは集団による共同作業だから、炊事もカシキの賄いがついたが、職人が個人別に出来高勘定の仕事をする場合は、食事も自炊が多かった。キリ、ソマ、コビキ、ウマなどがそれである。

キリはスドキリまたはサキヤマとも呼び、立木を伐採して枝を払い丸太にする作業である。「長谷川」では、さらに丸太の四面を削いで角材にするのが特徴で、それがソマであった。ソマは一般的には独立した技術仕事だが、「長谷川」においては、キリをする者がソマもやり、角材に仕上げて、ヒトシメいくらという勘定がなされた。キリやソマは、作業場や立木の良し悪しが能率を左右する。だから山の条件に応じてリン（賃）盛りをやり、そのうえ区画をもうけ、くじ引きをして個人の作業場を決めた。

個人ごとの作業だから、食事の時間も異なり、また職人気質の気むずかしさからも、自炊の習慣が定着したものであろう。ただし、米、味噌、茶などは、ヒヨウと同じく、事業主からの現物支給である。山小屋は真ん中を通路を兼ねた土間が縦に貫き、その両側が座敷になっているのが一般的な形態であった。その土間はまた炉でもあって、そこでおのおのが自分の自在鉤を吊り、飯や味噌汁を炊くのだった。職人の数だけ、焚火と自在鉤と鍋があるわけである。朝夕には小屋の中が混雑し、もうもうと煙が立ちこめた。座敷での一人当たりの広さは一畳敷きが標準で、各人が持参した筵と蒲団を敷き、土間に足を向けた姿勢で並んで寝た。

コビキやウマ曳きも出来高制の仕事で、やはり自炊が一般的だった。コビキは板を一間《いっけん》挽いていくらという勘定だったが、「長谷川」では、そのままでは動かせないような巨木を、大割りといって縦に挽き割るために、コビキが傭われていた。二つに割ったうえで、角材に削いだのである。山中の労働でも、コビキがもっとも飯を多量に食ったといわれる。熊野地方にも木挽唄が残されているが、そのなかにはつぎのような食物に関するものも目につく。

〽コビキひけひけ挽かねば食えん、挽いてしまえば食てしまう
〽米は安かれ挽き賃あがれ、殿のひく木はやらこなれ（柔かくなれ）
〽コビキ山中の山には住めど、芋や大根の飯食わぬ
〽コビキ腹が減る大飯食うて、二間《にけん》ひと墨挽きかねた
〽コビキ米の飯ぬか味噌添えて、斧ではつるよなババ（糞）たれる
（前四つは雑賀貞次郎『牟婁口碑集』より、最後の一つは杉中浩一郎「山に生きた人々」（『自然と文化』八〇年春季号）よりの引用）

私の母方の祖父、今中常之丞が元来はコビキ職人だったことは、序章で少し触れておいた。「長谷川」が活躍していたころに、同じ紀伊半島の山中で働いていたわけだが、常之丞と「長谷川」との関係について、具体的なことはもうわからない。だが常之丞がコビキから炭焼きに転職したことと、大正中期の不景気の波に呑まれて、「長谷川」をはじめ木材業者たちが奥山から撤退していったのは、時期的に一致している。

それ以後はキリやダシの事業規模も小さくなった。「長谷川」の時代には、果無

山麓の森林に入ると、鬱蒼として昼間でも星が見えたといわれるが、そのようなクロキの原生林も滅び、したがって、コビキが大割りせねば動かないような巨木も少なかった。また昭和の初期には自動車道が開通し、二十年代になると発動機による架線も普及して、シュラやウマによる陸送をはじめ、テッポウ堰などを用いたカリカワや筏による木材流送は見られなくなった。

だが食事について、キリは自炊で、ダシのヒヨウはカシキ付の共同炊事、という習慣はその後も続いた。それが崩れるようになったのはここ十数年来のことである。それは全管集材《ぜんかんしゅうざい》といって、立木を根元で倒すと、枝をつけたまま強力な架線に吊って一カ所に集め、そこで丸太に切断するようになったこととも関連する。つまりキリとダシの作業の境目がなくなったのである。そこではキリもダシに連動した共同作業となり、食事を個別にしなければならない理由もなくなった。

最近のキリやダシの山小屋では、カシキ付炊事で、食い捨てと呼ぶ方法が多い。つまり、おかずを含めて食事一切を親方が負担するのである。労働者が勝手休みをしたからといって、不参代を差引くようなこともまず考えられない。昔に比べると、賃金に対する食費の割合が問題にならないほど低いのである。

土木工事の飯場

土木工事の飯場というのは都会にもあるわけだが、ここでは奥山における林道開発とダム建設に限って、自分の経験した範囲内で取り上げてみることにする。厳寒の季節、果無山の造林小屋が閉鎖されているあいだ、私はふもとの谷峡などで土木工事に傭われた。昭和四十年前後のことである。

そのころの現場には、まだ年配の韓国人や朝鮮人たちが多く働いていた。彼らは戦争中に半島から連れてこられた人びとで、たどたどしい日本語を話し、妻や定まった住居をもたない者も少なくなかった。韓国の内情は政治経済ともに不安定だったし、北の社会主義国に帰ることにもためらいを感じる人びとが、飯場を流れて暮らしていたのである。彼らは土木作業にかけては熟練者で、現場ではキリトリといって、ダイナマイトを使って山を削ってゆく、儲けは多いが危険な作業を受け持ち、われわれ日本人は、橋を架けたり石垣を積むなど、構築物のほうで働くのが一つのかたちとなっていた。

カシキは、作業についてゆけなくなった老人の役目だった。食事の内容も朝鮮風で、辛子やニンニクを濃厚に使ったものだった。それはきびしい労働や寒さへの抵抗力を養うのにふさわしいものと思われた。荒削りの板を打ちつけただけの食卓で、椅子はなく、土間に突っ立った姿勢で食うのである。

飯場の最高の御馳走は、牛の臓物肉であった。それも町でホルモン焼きとして売っているような上等ではなく、肺や胃袋など安い部分を大量に買ってきた。それをトンチャンと呼び、今晩はトンチャンがあるという日には、なんとなく活気づいて、日暮れになるのが待ち遠しかった。

ガソリンやオイルを入れてきた四角いブリキの一斗罐に小さなたくさんの穴をあけ、土間に転がして、なかで火を焚いた。その上に肉を載せて焼くのである。味噌や醤油と辛子とニンニクをたっぷりと沁ませて、味付は彼らのお手のものだった。ブリキの上でじゅうじゅうと焼けるのを、待ち兼ね、奪い合うようにして食った。熱いのと辛いのとで口のなかがひりひりしたが、それはほかに比べるものを知らないほど美味かった。またトンチャンは汁にも入れて煮た。大きな鍋に辛子やニンニクや野菜と一緒にぶち込み、塩味をつけたものを、ドンブリに汲んで啜った。

鵜飼いで知られる有田《ありだ》川の奥、護摩壇山のふもとの中南《なかみなみ》(和歌山県花園《はなぞの》村)の林道工事でも働いたことがあった。そこでは、どこからか迷ってきた赤犬を撲殺して食った。すると一人の男が憤慨して、犬を食うような飯場にいたらろくなことがない、と山を下りてしまった。その後に荷台に人を乗せたトラックが谷底へ転落して、二人が即死し、一人が重傷を負った。私も犬を食った一人だが、運よく乗り合せていなかったのである。ある日の夕方、現場から帰ってみると、ケネディ大統領が暗殺されたというニュースが待っていた。それは飯場の男たちを刺激して、酒を飲みながら、ひとしきり話題になった。いまでも私は、「ケネディ暗殺」という文字などを見かけると、谷峡の砂利の上に建っていた寒々しい飯場の光景とともに、皮をひき剝かれた裸の犬の姿が思い浮かぶのである。

後にまたトラブルが起き、私は下請業者と殴り合いの喧嘩をして、その飯場を去った。犬を食ったことは、やはりいけなかったのである。

十津川村の奥、旭川のダム工事現場で働いたのは、つい三年ほど前のことである。かつて奥山の工事場で不自由な日本語をあやつりながら働いていた韓国人・朝鮮人たちは、十数年のあいだにすっかり見かけなくなっていた。彼らの世代はもはや老い、その多くは本国に引揚げたのである。また以前の林道工事などとちがって、ダム建設のそれは規模も大きく、管理体制も厳格であった。

谷峡ではプレハブ住宅が集落をなしており、食堂も一つや二つではなかった。電力会社や元請の建設会社の社員と、われわれ下請業者の労働者とでは、住居も食堂も別棟になっていた。だが食堂は清潔で広々としており、三〇人ほどの労働者のために、二、三人の女性が炊事場で立ち働いていた。彼女らはまだ三十代の若さで愛想もよかったので、食堂に行くのが楽しみだった。そこでは個人が建設会社から食堂経営を請負っているのだった。われわれは一食につきいくらという計算で、日当から食事代が差引かれるしくみになっていた。土木の飯場では、どこでも食事代を徴収するのが常識なのである。食事をしないときは、前もって告げておかねばならなかった。

食卓ごとに、大きな飯櫃と味噌汁の鍋と茶瓶が置かれていた。そこから自分の器に盛るのである。おかずは皿に入れて壁の棚に並べているのを、めいめいがとってくるのだった。日によって、和風あり中華風もあり、ときにはカレーライスなどもあって、献立にも料理人らしい配慮がしてあった。

食堂に酒を持ち込むことは禁じられていた。喧噪を敬遠したのである。自分の飯場で飲んでから、食堂へ飯を食いにいくのだった。土間にブリキ罐を転がしてトンチャンを焼いたり、犬を撲殺して食ったりするなど、往年の飯場の雰囲気はここでは見られなかった。

造林小屋

果無山麓の広見川や東ノ川では、「長谷川」がクロキを伐採する一方、明治の末ごろから民間の山林家によって杉と檜の植林が始まった。当時一部の先進地域を除いては、造林というのは新しい試みであった。仕事としても、花形のキリやダシに比べて一段低いものと見なされていた。職人的な技術をもたない少年や体力的に自信のない者がこれに従い、危険も少ないかわりに、賃金も安かったのである。だが山小屋の食事の形態は、ヒヨウ小屋のやり方を真似ていた。

やはり常持の女性たちが物資を里から運んでいた。ただし、苗木は現地で山を開墾して栽培した。小屋にはカシキがおり、米、味噌、茶を親方が負担し、副食物は個人もちというのも、ヒヨウの場合と同じである。広見川などでは常持の女たちの昼飯も小屋でふるまった。また、大きな釜で炊くと、いつも底に焦飯ができたが、女たちはそれを喜んで里に持ち帰ったという。里では芋や雑穀を入れた茶粥などを食っていたのである。三度の白い米飯の食事は、山小屋生活における大いなる魅力であった。

だがいつも米に恵まれていたわけではなく、とくに敗戦前後の時代には、山小屋でも芋や雑穀を混ぜた飯を炊いたという。また昭和の前半期は、熊野地方などでは炭焼きがさかんで、造林に従う者は多くはなかった。いわゆる景気のよい仕事ではなかったのである。そして二十年代後半より、戦後の復興にともなう木材の需要による濫伐に刺激されて、植林ブームが訪れる。

三十四年、私が西ヶ谷の造林小屋に入ったころは、まだ大正時代からの形態を踏襲して、運搬もカシキも食事（おかずも含めて）もすべて事業主が負担していた。だが果無山に移ると、運搬とカシキは親方もちだが、食事代は、各人の食数を記帳して、月末の勘定から差引くことに方法が変わった。つまり土木事業の飯場と同じかたちになったわけである。さらにキリクチ谷の造林小屋では、仕事は全体としてわれわれが責任をもち、運搬やカシキや食事の経費を、事業の請負総額のなかから捻出した。

造林小屋のカシキは、昔は老人とか少年など、人並みの労働についてゆけない者が受け持ったが、現代ではおおむね女性の仕事ということになっている。夫婦連れで住みこみ、男は薪取りなど現場の雑用をやるとか、あるいは人並みの作業に出て、女房のほうがカシキに従事するわけである。しかし女性一人が傭われてくることも珍しくない。女性が山小屋で暮らすには、里の家庭に夫や手のかかる子供がいないことが条件であり、したがって寡婦など年配者である場合が多い。

彼女たちは、里にいるときは畑仕事をしたり内職をしたりしているふつうのおばさんで、料理にかけては専門家ではない。だから食事の内容については、男たちの好みも配慮はされるが、おおむね里の日常の食生活の延長ということになり、またそのカシキ自身の家庭の味付が基調ともなるわけである。材料も里の商店から仕入れ、しかも山小屋ではなにかにつけ不足がちだから、その点からしても、手のこんだものや都会的な料理にならないことはやむをえない。

朝飯には、味噌汁と漬物とそれに生卵が一個というのが、私の経験ではここ二十年来変わることのないメニューである。大きな釜で炊くせいか、あるいは自然の水によるものか、山小屋の飯と味噌汁の美味さは格別だ。昼の弁当は、飯の上に梅干や海苔とともに干物または塩漬の魚が置かれ、それに野菜や乾物の煮付などおかずがついておれば、文句のないところである。夏は木の蔭に入り、冬であれば焚火を囲んで弁当を食う。そして夕餉もまた野菜、乾物、干物、または塩漬の魚、罐詰などが、日によって趣向を変えて食卓に並ぶ。たとえば、テンプラや酢のものにしたり、マヨネーズをつけるなどして。牛、豚、鶏など、肉があればしめたものだ。カレーライスや焼飯が出ることもある。

肉や新鮮な魚は御馳走の部類に入る。それも上等である必要はなく、むしろ量が多いほうが歓迎されるのである。

キリクチ谷では、冬になるとよく鶏を食った。それは郷里へ帰る途中の国道沿いの店で、毛を毟《むし》り臓物を抜いた姿で凍らせて売っているものだった。卵を生まなくなった廃鶏のつぶしで、値段も安かった。たまに家へ帰った者が、それを二、三羽あるいは一〇羽ほどもかついで、山へ登ってくるのである。山小屋では人数が少ないのは淋しいことなので、里からの帰山者は待たれているが、同時に彼が買ってくるにちがいない裸の鶏も期待されているのだった。われわれはそれを、誰某が帰ってくるだろうとはいわずに、「今日は鶏が登ってくるぜ」というふうに表現した。

その鶏を骨もろともぶった切って、野菜や茸などと一緒に、大きな鍋で水炊きにして食った。冬の短い日が暮れて、身体も冷え、くたびれて戻った小屋で、空腹にくつくつ煮える鍋のものは、なんと香ばしく甘美であったことだろう。ある男はあまりの美味さに、家族にも食べさせてやりたいと思い、買って持ち帰った。ところが同じようにして家庭で食ってみると、意外に平凡な味でしかなかったという。

春、若葉が萌える季節になると、カツオが恋しくなる。私の少年時代には、生ガツオなどはめったに手の届かない御馳走だったが、近ごろでは氷詰めにしたものを架線に吊るして、山小屋まで運んでくるのである。だがしょっちゅうあるわけではなく、値段がやや安くなるのを見はからって、シーズンに二、三度もありつくと、満足した。仲間の一人が一日を費やし、百数十キロ離れた海辺まで買いに車で走ることもある。カツオが来るという日には、日暮れになるのが待ち遠しい。そして小屋の軒先で、箱から出されて青白くぬんめりと輝いている大ぶりの姿を見ると、幸福感と期待に心が弾むのである。カツオは刺身にしてワサビ醤油で食う。浜辺に比べるとずいぶん鮮度も落ちてはいるだろうが、山中にあってはこれ以上に新鮮な魚肉はないのである。頭や内臓や骨の部分は煮付にする。目玉が好物だという男もいる。

新鮮な小魚が手に入ると、カシキのおばさんが寿司に握ってくれるのも御馳走の一つである。なかでもサンマの姿寿司は、紀州独特のもので、この地方の女性ならたいていつくり方を心得ている。サンマはブエン（無塩）または薄塩のものを用い、背を割いて内臓と骨を除き、二、三時間酢に漬けておく。それにサンマの丈に合うように細長く飯を包み、輪切りにして食うのである。柚子の酢を使うと甘い香りと風味が滲み出る。サンマの数が少なかったりすると、飯の量を多くしその上にちょこんと魚が載っかって、いわゆる角力《すもう》取りが子供のチャンコ（綿入れ）を着たような恰好になるのも、山小屋ならではのユーモアである。

秋や冬の夜長には、退屈を慰めるために夜食が出ることもある。めはり寿司、茶粥、それに即席ラーメンも一枚加わった。めはり寿司というのは、飯を塩漬のタカナの葉っぱに包んだだけの素朴な握飯だが、タカナの辛みと塩味が利いて、独特な味わいなのである。大口をあけて食うとき、同時に眼もはるので、めはり寿司なのだという。

紀州の茶粥は、かつては家庭の一般的な常食であった。戦後、食べ物が豊かになるにつれて米飯が普及したが、現代でも日に一食は茶粥を炊くという人も少なくない。チャガイ、オカイ、またはオカイサンとも呼び、米や麦にときには芋や雑穀なども混入し、鍋に浮かべた茶袋とともに、ぐつぐつと煮るのである。夜食だけでなく、夕食に茶粥が出ることもあるが、べつに誰も驚きはしない。山の労働者には、米飯や食パンなどに馴染んだ現代の若者の後継者はおらず、みんな茶粥で育った世代なのである。

乏しく単調な材料でもって、男たちを退屈させないように献立を工夫するのが、カシキの苦心であり、また腕の見せどころでもある。また食事をつくるほか、掃除や洗濯、ときには薪取りや山菜摘みや、作業衣のほころびを縫ったりもしなければならない。「カシキ関白」という言葉がある。賃金は男の半分そこそこで、関白といわれるほどの権威があるわけでもないが、仕事とはべつに、山小屋の雰囲気をなんとなく左右するのが、カシキの存在なのである。まず女性であるという点で、男たちの里恋しさをいくらかは慰めてくれる。また賢くて思いやりのあるカシキの人柄は、人間関係にも眼に見えない影響をおよぼし、それによって仕事も円滑にはこぶことにもなる。逆にいえばカシキが機嫌を損ねているような山小屋は、万事おもしろくゆかないというわけである。

自然の味覚

周囲の自然が提供してくれる恵みは、山中の食生活において貴重なものである。それは日常の食物の乏しさをおぎなうというだけではなく、自然と生命的にかかわることの歓びをともなっている。魚や獣を捕獲したり、山菜を摘んだりするのは、季節のレクリエーションでもある。

だが食物として採取する種類は、地方によって、あるいは職業によっても異なる。たとえば茸を例にとってみると、同じ紀伊半島でも温暖な海岸地方に比べて奥吉野の山中のほうが、食用とする種類の範囲ははるかに広い。その奥吉野でも、北国の人びとからすれば、まだまだ食用種をたくさん見落としているのではないだろうか。自然環境のきびしい地方の人びとほど、食物の発見により多くの努力を重ねてきたのである。

炭焼きもまた、食物の採取にかけては、里の人びとよりも知恵者であり、それに払う労力も大きかった。私の少年時代は、肉や魚も、里から買うよりは山中で手に入れるもののほうが多く、野菜の位置をほとんど山菜が占めていた。そのなかには里の人びとが見向きもしないような草もあった。また子供にとって、草や木の実は菓子にかわる甘味であり、木立の下を探してまわったものである。

それら移り変わる季節の自然の味覚について、自分の経験した範囲で述べてみたい。

子供の楽しみ

キイチゴは、初夏のみずみずしい緑とともにある。夜来の雨があがって、まぶしい陽射しが甦った朝、水かさを増した谷川のほとりなどで、キイチゴを摘んで遊んだ。茎を武装している鋭い棘に刺されないように気を配りながら、垂れ下っている先端を引き寄せるのだが、少し乱暴にすると、熟した実が落ちるのが口惜しかったものである。黄色の実は口の中でとろけるような甘さだった。キイチゴよりやや季節がおくれて、ニガイチゴやクマイチゴも食った。どちらも赤黒い色をした実で、ほろりと苦味のまざった甘さがある。

山桃やサクランボも、緑の樹海の梢で豊熟する。幼くて木に登ることのできない子は、地面に落ちているのを拾って食う。口の中を赤紫に染めて帰り、おなかをこわすほど食うなよ、と母親にたしなめられたりした。モチツツジの花も食った。蝶や蜂を喜ばせる花芯は、子供の口にも甘いが、花弁の部分は少しばかり酸っぱかった。

秋はいっそう豊穣の季節である。小粒の山栗は、膿み傷のあるときに食うと、いつまでも治らないといわれた。なぜだかはわからない。ヤマグミやヤマブドウの実も小さくて、いかにも山のものらしくつつましい風情であった。草や木の実は、鳥や獣たちも狙っている。高い梢に絡まってぶら下っている大きな紫色のアケビを、苦心の末手にとってみると、鳥がついばんで中味がからだったりして、がっかりさせられた。アケビはほとんど種ばかりである。それを口の中でもぐもぐところがして甘味を吸うのだが、ときに種を食ってしまうと、そのままのかたちで便に出てきた。

椎の実や、六十年に一度実をつけて枯れるという笹の、米粒のような白くて柔かいその実は生のままでも食うことができたが、榧の実は皮を剥いで灰にまぶして渋味を抜かねばならなかった。
ケンポナシも秋に結実するが、それを口にするのは枯葉も散ってしまってからである。木が高いので登ってとることができず、長いあいだ寒々とした梢に垂れ下っていた。霜に晒されてようやく甘くなって落ちてくる。人の指のように細長く曲った実の先に、鈴のような丸い花の殻がついていた。実は渋味と甘味が調和されているが、こわごわとした繊維があるので、しゃぶって捨てねばならない。山柿も、ふつうでは渋くて食べられず、霜がかかって自然に熟したものが美味い。熟しながら凍《い》てに実が縮んで、梢で天然の干柿になるのである。

雪のなかにも、木の実を見つけることができる。ガマズミである。これも秋のころはまだ酸っぱくて、霜や雪のなかで甘味を増す。葉はとうに散ってしまって、赤い小粒の実の群がりが、雪の斜面に色映えて佇んでいる。シモフリまたはシンプリとも呼ぶ。

木のなかに棲んでいる虫も食べられる。これは炭焼きの子でないと知らないだろう。樫や楢などの炭木を伐ってくると、太いものは窯のそばの木寄せ場で横にして割るのだが、その割れ目から、五センチほどの白い虫がぽろりと転げ落ちるのである。カミキリムシの幼虫だという。虫の入っている木は、外側から見て子供にでも判断がつく。そんな木を父が割ろうとするとき、私は期待をこめてじっと見つめていた。虫はそれ自身の大きさの穴をつくり、一本の木のなかに二、三匹はいる。そいつを窯の口焚きの火をかき出して、焼くのである。火の上に載せると、身が反りかえりながら、プシュッと小さな音をたてて破裂する。香ばしくてあっさりとした味わいがした。

谷川の魚

私は大川の釣りや海釣りなどについては、いまもって様子がわからない。魚をとるとすれば、やはり人里離れた奥山の谷川へと、自然に足が向く。そこでは流れは小さく、頭上を木の技が遮っていたりして、山に入って魚をとるといった趣きである。渓流の釣りがいまほどさかんでなかった時代には、水の乏しい谷にも、手掴みにできるほどに魚がいた。鰻、コサメ（アメノウオ）、ウグイ、ムツ（タカハヤ）、ハイ（オイカワ）、ハゼ、蟹などである。

鮎は奥山ではあまり見かけないが、私どもの一家が熊野川本流に近い四滝谷で炭を焼いていたころには、初夏の季節に稚鮎が大量に手に入った。日和が続くと谷川の水が涸れて、ところどころの水溜りに集まるのを、家族総出でバケツに掬いとるのである。それは茹でて干しておき、煮付や味噌汁のだしに使った。

四滝谷にはまた鰻も多く、日暮れ方などには、淵の底がいちめん黒っぽく見えるほどに群がっているのを見たこともあった。

鰻をとるにも、いろいろな工夫がある。家族あげて夜釣りをしたことや、西ッ谷での挟み獲りについては先に書いた。ほかにも漬針《つけばり》（置釣り）といって、日暮れ方、糸に餌針をつけて沈めておき、夜明けにあげるのや、籠や竹筒に餌を入れて誘いこむやり方もある。昼間の鰻釣りは、穴釣りといって、鰻のひそむ穴に餌針をつけた竹竿を差し入れて釣った。

鰻は焼いてすぐさま食ったが、食べきれないときは、串につけて素焼きに炙り固め、囲炉裏の上に吊した藁苞《わらづと》に突き刺しておいた。食べるときは湯につけて戻すのだが、そのままで菓子代わりにしゃぶることもあった。乾燥していてはじめは歯も立たないが、しばらく口の中で玩《もてあそ》んでいると柔かくなり、甘味がゆっくりと滲み出てくるのだった。

コサメや鮎などでは、酢でしめて姿寿司を握った。これはちょっとした御馳走である。また鰻と同じように串で炙って、藁苞に刺しておくこともあった。必要なときにおろして煮しめにしたり、煮付のだしに使うのである。ウグイ、ムツ、ハイ、ハゼなど上等でない魚は味噌煮にした。こね廻してゆっくり煮込むので、魚のかたちは崩れ、味噌と見分けがつかなくなるが、それも手軽な保存食であった。

炭を焼いていたころのほうが川魚とのかかわりは深く、時代が下って造林作業に従事するようになってからは、その依存度は薄くなった。店屋買いの機会が多くなったせいもあるが、果無山やキリクチ谷では、小屋が山の中腹にあり、谷川から遠かったからでもある。熊野川流域の風屋ダムの奥では川漁りをしてみたが、魚影は少なくてかたちも小ぶりになり、炭焼きをしていたころとは昔日のへだたりが感じられた。

山菜

フキノトウ、ゴンパチ（イタドリ）、ノビル、タラノメ、ヤマウド、ゼンマイ、蕨、アマナ（ノカンゾウ）、ヨメナ、セリ、蕗、クサギ、サンチクと、春の季節、一般的に食べられる山菜の名称を、芽生えてくる順序を追って並べてみた。フキノトウは、温暖なところでは十二月ごろから顔を覗かせている。先発のゴンパチが三月下旬とすれば、しんがりのサンチク（山に自生するタケの総称）は、五月下旬になってようやく食膳の仲間入りをする。どの山菜も食用になる時期はおおむね短いが、種類の多様さによって、その幅は二カ月間にも拡がるのである。

山菜摘みは、だいたい女性の仕事ということになっている。草が萌える季節になると、彼女たちは心がわくわくして、じっとしていられない。それは実益を兼ねたレクリエーションでもあるのだ。きそい合って野山に入ってゆく。キリクチの山でも、カシキのおばさんはゼンマイ摘みに夢中になっていたが、するとある日ふもとの平集落の女性がやってきて、この山には熊がいるという話をしたという。そこは彼女たちの縄張りだったので、われわれのカシキに先取りされるのを口惜しがって牽制したのである。

そうして摘みとったものは、種類別に選《よ》って、煮付にしたり、酢味噌和えにしたり、あるいは飯に炊き込むこともあり、山の人びとにとっては親しみ深く、また飽きることのない食物なのである。山菜といえば、淡泊でつましいものという印象が一般的なようだが、炭焼きはボリュームのある食物に仕立てて食うすべも心得ている。ゴンパチ、蕨、蕗、サンチクなど幾種類かを、野鳥や野兎の肉、または谷川でとったコサメやウグイなどとともに、鍋物にするのである。大鍋にそれらをたっぷりと入れ、塩で味付をして煮ると、山菜と魚肉の香りが混合し、具やスープに独特な風味が滲み出る。山菜鍋ともいうが、別名、行者鍋とも呼ばれている。ところが大峰山に奥駆けにくる本物の行者たちに聞いてみると、彼らはこのような食べ方は知らないようである。

またツチナ（オトコエシ）という草を里の人びとは見向きもしないが、長年の炭焼きは重宝な食物としている。ありふれた草だが、春の新芽だけではなく、夏のあいだいつでも採取できるのが取柄なのである。軽く湯をとおして、二、三時間流し水にひたしてあくを抜き、煮付にしたり味噌汁の具にしたりする。ツチナの味を知っているといえば、その人は相当な炭焼きの経験者と判断してもよさそうである。またこれも里の人びとは見落としているようだが、ネコヤナギの新芽を摘んで、茶の代用にすることもあった。つくり方は番茶のそれと同じだが、やや香りに欠けるのがもの足りない。

おおかたの山菜は採取できる時期が限られているだけに、保存の手だても怠らない。乾燥させたり塩漬にしておき、おりおりに取り出して調理するのである。

山菜とはいえないかも知れないが、ヤマノイモも美味くて栄養価の高い食物だ。夏のうちに太い蔓を見つけて、秋を楽しみにしていたものが、いつのまにか猪に掘られていてがっかりすることもある。またその実のムカゴは、塩で薄味をつけてムカゴ飯にする。シーズンに一度はこれを口にしないと、私は気持が落ちつかない。

茸

茸は秋の味覚の主役である。ところが紀州の山中の人びとが食用にする範囲は意外に少ない。シイタケ、モトブト（ホンシメジ）、センボン（シャカシメジ）、シバモチ（ショウゲンジ）、ネズミノテ（ホウキタケ）、コウタケ、キクラゲ、アカベエ（ヤブレベニタケ）、マツタケなど一〇種類たらずで、その他のものは一括してクサビラと称している。クサビラとは、食べることのできない毒茸、というほどの意味で、個々の名前などは知ろうともしないのである。少し北の吉野山中に行くと、前掲のものに加えて、イクジ（アミタケ）、スギタケ、マイタケ、クリタケ、カマノフタ（クロカワ）などが、食用茸の仲間入りをする。なお紀州ではネズミノテと呼んでいるホウキタケを、奥吉野ではネズミアシと称しているのがおもしろい。ホウキタケの先端は、鼠の手または足に似ているのである。

数年前、はじめて紀州から吉野のキリクチ谷へ仕事に出向いたとき、ふもとの民宿でイクジやカマノフタが出されたが、おおかたの者は気味悪がって箸をつけようとしなかった。それらはわれわれの地方では、クサビラと称しているものだったからである。その後また、キリクチ谷の山小屋で、パルプ材の伐採と搬出をしていた地元の男が、マイタケをとってきて食わせてくれた。

キリクチは茸の豊富な山だった。そこは全体が針葉樹と広葉樹の混合した自然林であり、パルプ材に伐採して捨てられた末《うれ》や切株に、四季を通じてさまざまな茸が見られた。それらを食わないというてはない、と私は考え、土地の人に尋ねたり、図鑑と照合するなどして、知識を深めるよう心がけた。

まず図鑑で見て、毒茸とされていないものかどうかを確かめると、それを生のままでそっと噛んでみる。苦かったり舌を刺すものは失格、食べられそうだと、煮て味付をして少しだけ食ってみる。大丈夫のようだと量をふやす。ほかの男たちは私が試食するのを見ていて、異常がないとわかった後に、はじめて箸をつけるのだった。そしてそれが美味いものだと、山小屋のメニューの仲間入りをするのである。食べられるとわかった茸は、もはやクサビラではなく、ナラタケ、クリタケ、チチタケ、カノシタ、ナメコなどと、図鑑による名称で呼ばれた。ナメコなどは、人工栽培のものが市販されているのに、自然生えはそれまで食うすべを知らなかったのである。

クリタケは、伐採された広葉樹の腐蝕部分に生えていて、キリクチの山ではしばしば手に入った。黄色い小さな茸だが、株になって群がっているので量も多いのである。例の鶏の水炊きに入れるのがならわしとなった。ほとんどの茸が消えた後の十一月から十二月に生えることも、価値を高からしめた。作業中などに見つけると、大事にもぎとっておくのである。粉雪の舞う夕暮れ、雪にまみれたクリタケをヘルメットに盛り上がるほどに入れ、喜んで小屋に持ち帰ることもあった。

獣肉

私の父が幼かったころ、といえば明治時代のことだが、紀伊半島の山中でも、肉食を忌み嫌う風習があり、住居の内へ持ち込むことは許されなかったという。男たちがこれを楽しむときは、古鍋などを拾ってきて、庭先や川原で煮て食った。私の知っている父親はもうそのような禁忌にこだわることはなかったが。

だが、市販されている家畜の肉を、山中でふつうに食うようになったのは、三十年代に入ってからのことで、それまでは肉食といえば、山の動物に限られていた。猟師でない者が、鹿や猪など大型の獣を手に入れることはむつかしいが、小動物であれば、ふだんの仕事のかたわら、罠や押しや鋏を使って捕獲した。雉、ヤマドリ、野兎などは肉として上等のものだが、そのほかの小鳥や、狸、アナグマ、ムササビ、テン、イタチなど、ほとんどの獣は食用にされる。

野兎を一羽手に入れると、家族が一夜楽しむのに適量な肉が得られる。それを囲炉裏にかけた鍋で、山菜などを加えて、くつくつ煮ながら食うのだった。骨も煮込んで、しまいに手摑みにして、くっついている肉切れをしゃぶるのが、子供心にはおもしろく、また美味いものでもあった。

家畜の肉が比較的手に入りやすくなった現在でも、山の動物肉はまた格別な喜びでもって迎えられる。造林小屋で暮らすようになってからは、私も猟銃を携帯するようになった。積極的に猟をするわけではないが、仕事のかたわら、ときには幸運な拾い物をすることもあるのだ。大物の鹿や猪を撃つと、一〇人前後の世帯では、幾日も楽しむことができるのである。

獲物は、皮と臓物を除いたものを五枚におろし、たっぷりと肉のついたエダ（四肢）の部分を、蹄のつけ根を細引などで縛り、軒先に逆さに吊るしておく。冬の季節だから、すぐに肉が悪くなるおそれもなく、むしろ霜に晒したほうが甘味がのるともいわれる。

猪の肉は、寄生虫がいるという理由で生では食わないが、鹿にはそれがないから、刺身にだってなる。とくに背中の部分は、繊維が少なくて柔かいから、背身《せみ》と称して、きわめて上等の刺身なのである。

ドラム罐のストーブにかっかと薪を燃やし、肉を鉄板の上で焼きながらも食う。それをつまみながら飲む酒はまた格別に美味い。またつぎの晩はべつのエダをおろし、白菜や葱などを加えて、鍋で煮て食う。そうして軒先に吊るされたエダは、一丁また一丁となくなってゆくのである。

ハチノコとハチミツ

蜂の巣が眼にとまると、ハチノコ（幼虫）の味覚に心を誘われる。どんな種類でもよいが、スズメバチ科のものが味もよく、大きな集団生活をしているところから、量も手に入れやすい。

町の酒場などで肴に出してくるのは、クロスズメバチの幼虫だが、これは土中に巣を営んでいる。われわれの地方ではショウジバチと呼んでいる。黒っぽい小さな蜂だが、数百匹以上が集団を形成し、その巣は蚕の棚のように幾段にも積み重ねられ、厖大な数の幼虫を育てているのである。それを奪うには、巣穴の口に火を焚いて、驚いて出てくる親蜂を焼き殺せばよい。その後で土を掘って、ハチノコのいっぱい詰まった巣を取り出す。ハチノコそのものは小さいが、なにしろ量が多いものだから、少しぐらい刺されたり、土中を掘ったりしただけの労苦は、十分報われるのである。

スズメバチやキイロスズメバチは、クロスズメバチに比べると数では劣るが、ハチノコの大きいのが取柄である。スズメバチは木の空洞《うと》の中などに何段もの巣を重ね、キイロスズメバチのほうは、岩蔭や大木の枝の下に、ラグビーボールのような巣をぶらさげている。どちらも図体が大きく、性質もきわめて攻撃的なところから、クロスズメバチの場合のように気軽に手を出すのは危険だ。これに刺されて死ぬこともある。

ハチノコをとる工夫は、やはり火を使うのである。それも夜間に松明に火をつけ、それを長い竿の先にかざして、巣を燻せばよい。怒り狂った蜂は、巣から出て火を攻撃する。暗闇で人間の姿が彼らには見えないせいかどうか、ひたすら火に挑み、自滅してしまう。その後で巣を頂戴すればよいのである。そういうやり方も、里の人びとはあまり知らないようであるが、私は父から教わった。

ハチノコは生でも食べられるが、醤油で煮しめにしたり、炒るなどすれば、よい酒の肴となる。飯に炊き込んで、ハチノコ飯に仕立てても食う。

アシナガバチやホソアシナガの幼虫も食べられる。これらの蜂には、植林地の下草刈りのときにしばしば出喰わす。小枝や葉っぱの裏などに、小ぢんまりした巣をぶらさげていて、そこから不意に襲ってくるので、防ぎようもなく刺されるのである。体長二、三センチほどの蜂だが、刺されると、いっとき気がくらんで坐りこんでしまうほど痛い。だが気をとりなおすと、刺されたことへの腹いせのように巣をもぎとって、生きている幼虫をその場でむしゃむしゃと食ってしまうのである。

天然のミツバチの巣を見つけたときの喜びは、ハチノコなどの比ではない。一般に飼育されている洋種ミツバチと区別して、われわれの地方では、それをヤマミツと呼んでいる。ヤマミツは樅や栂などの針葉樹、それに桜、椎、樫、楢など広葉樹の森林の木の花粉を求め、南瓜など自分の身体が包まれるような大きな花弁のなかには入らないともいわれている。空洞になった木に好んで巣を営むが、それもほかの動物が近寄りがたい崖などにある場合が多い。幸運に巣を見つけても、手に入れるのがひと苦労である。乱暴なやり方としては、木を伐り倒して蜜だけを奪うのだが、もっと悧巧で気の長い者は、これを飼育することを考える。

その方法としては、まず天然の巣をそのままにして、近くに手製の巣箱を置く。ヤマミツは初夏の八十八夜のころに巣分れをするのだが、その群れをこちらの巣箱に自然に入れるわけである。そのようにしてつぎつぎと箱をふやすこともでき、一人で二、三十個もの箱を谷のあちこちに置いている炭焼きもいた。飼育してみれば楽しく、また可愛いものなのである。

洋種ミツバチに比べると蜜の量こそ少ないが、中味は濃厚で、ヤマミツのほうが比重が重い。洋種は短期間で量を多くするため、蜂に砂糖を与えたりもするが、こちらは天然物で、ときには四、五年間も巣に貯えて凝縮させた蜜を取り出すのである。

ヤマミツは、われわれの地方でも長寿の薬だといわれ、昔から珍重されてきた。

山祀りの宴

山の神は、山の自然を支配するとともに、そこに生業を営む者の守護神でもある。山に入って仕事を始めようとするとき、山入りまたは山始めと称して、まず山の神を祀る。山小屋の壁に小さな神棚をつくり、また、近くの特徴ある形状の木を神の木と想定して、それぞれケズリバナとともに、サカキ、酒、洗米、魚などを供え、御神酒《おみき》をいただいて、仕事の安全成就を祈願するわけである。ていねいな人は、神棚に朝ごとに飯の初物を上げ、ときどきサカキも取り替える。また、仕事の途中で怪我人が出るなどの不運が重なると、御日待《おひまち》といってあらためて祀りの儀式をとり行なうこともある。事業が終わると、山じまいとして、慰労の酒盛りを行ない、神の木に塩を捧げて山を下った。

山の神を祀る恒例の行事もある。それは旧暦の正月七日と霜月（十一月）七日の二度に定められていた。正月七日は、山の神が木の種子を蒔く日だといわれ、それを妨げぬよう山に入ってはならないとされた。霜月七日は、神が木の数を調べる日で、人が山に入ると、木に数えこまれて、帰ってこられなくなるともいわれる。正月七日のことはほとんど忘れられているが、霜月七日の習慣は現在も続いていて、われわれは仕事を休んで神を祀り、慰安の酒宴などを行なうのである。

山の神を、一部の地方では男性だと考え、また木地師の社会では、夫婦神としていたともいわれるが、紀州、和州の山中では一般的に女性神として信仰されている。それもひどい醜女《しこめ》で、人間の女性にやきもちを妬き、「女がゆけば尻向けてござる」などといわれ、女性は祀りに参加しないものとする地方もあった。山の神の祠に木でかたちづくった男根を奉じたりするのも、女性なるがためだし、失い物をしたときには、自分のシンボルを外に出して見せると、山の神が返してくれるなどといわれるゆえんでもある。オコゼを喜ぶということは、われわれの地方ではほとんど伝説でしかないが、醜女である山の神が、より醜怪《しゅうかい》な海の魚の姿を見て、満足を感じるからだともいわれている。

祀りの形式は地方によって、また職業によっても多少は異なる。村落に簡素な鳥居や祠を祀っていて、講でもって餅投げなどの行事をするところもあり、また事業所単位で、あるいは炭焼きであれば家族だけで祀る場合もある。

山小屋では餅は搗かず、かわりに牡丹餅《ぼたもち》をつくる。これは餅米とうるち米をまぜ、蒸すかもしくは飯に炊き、すりこぎで捏ねて握った団子に、小豆をまぶしたもので、二合ボタモチなどといわれる大きなものをこしらえるのである。いわば鏡餅に相当するものであろう。ときには男根のかたちにつくった団子も添えて、神棚と神の木の根元に供える。ほかに、洗米、塩、サンマや鯖などの姿寿司、それにオコゼはともかくとして、山の者が自らの味覚をかえりみて御馳走と思われるものを供え、神を喜ばせようとするわけである。

食物とともに、供物として忘れてならないものにケズリバナがある。白い木片に削り目を入れたもので、奥吉野では山の神のかんざしとも称しているが、これは御幣に相当するものだ。二本を一対にして供える。ちょっとわけ知りの者がおれば、その白木の胴の部分に「奉納・大山祇命」と墨書することもある。

山の神は早朝に祀られる。果無の山小屋では、そういうことに几帳面な男がいて、夜の白みかけるころにたたき起こされたものである。朝飯の前にざくざくと霜柱を踏んで、近くの大木の下に行き、供物を置いて柏手を打った。それから山を下り、午後には里の家を借りて、賑やかな酒盛りになるのである。西ヶ谷造林のころには、その日は日当付の休暇であったものが、果無に移って後は日当は支払われなくなった。かわりに地下足袋や作業服が支給され、酒と肴はもちろん事業主から十分にふるまわれた。

十津川奥のキリクチ谷では、酒盛りももっぱら山小屋で行なわれた。ふもとの村でも行事は盛大で、講でもって山の神の祠を祀るほか、事業所ごとに酒をふるまい、さらにほかの事業所を訪問して夜更けまで飲み明かす風習があったが、われわれはよそ者だから、それには参加しなかった。また里にも遠いので、自分たちだけの神をひっそりと祀っていたのである。その前日には、事業主のところから、沢山の酒と魚が送り届けられた。小屋近くのもっとも太い木を神木として、一通りの供物を置くのだが、明くる日には食物がなくなっているのを見て、山の神が納めてくれたものと解釈するのだった。

ここ十年来、旧暦のことは忘れられて、霜月七日ごろにほぼ相当する十二月上旬に祀られることが多い。日付が必ずしも厳格には守られなくなったのだ。ともあれ季節は雪をもたらすころである。山祀りの日には、はじめて雪らしい雪が降るともいわれており、それがまた生活の一つの節目ともなっている。

また山祀りの牡丹餅は、自分たちが食うだけではなく、日ごろ世話になっている里の家に配ることもならわしの一つである。大きなやつを三つ重箱に入れて、お礼の言葉とともに、上りかまちに置いてくる。親方の家をはじめ、郵便の中継ぎをしてくれるところとか、野菜をわけてもらった農家などに配ってまわるのだ。炭焼きだと、それに炭を添えて贈ることもあった。大きな牡丹餅は、食うときには包丁で薄く割って、餅と同じように火に炙るのである。山小屋から持ち出してきた、そんな不恰好な飯団子を、里の人びとはどんな印象でもって口にしたであろうか。

近ごろでは山祀りの日でも働く者があるほどで、神の権威も凋落しつつあるが、山の禁忌について、もう少し触れてみたい。

山小屋では、飯に味噌汁などをぶっかけて食う汁かけ飯を嫌う。伐り倒そうとした木を、となりの立木にひっかけると、反転して事故になりかねないからである。

造林小屋でもそれを言う者がいた。職人気質がもっときびしかった時代には、誰かが汁かけ飯をすると、げんが悪いとして、その日の作業に出ない者すらいたという。

山で鳥居のかたちをした木、あるいは二本が枝をからませた木は、神が宿っているから、伐ってはいけない。谷を渡っている藤蔓は、神の橋だから切ってはならない、あるいは切ると赤い血が出るなどともいわれた。

山小屋で七人という頭数はよくない。理由は山の神が七人家族だから、と説明されている。どうしても七人になるというときは、もう一人分の筵を敷き、その壁に八助坊《やすけぼう》という人形の絵を貼った。これもいまでは、老人たちの昔語りでしかない。

また山の神は、田植唄や御詠歌やお経を嫌うともいわれている。平野部の神や仏への対抗心を暗示しているのであろうか。十津川に伝わっている妖怪譚につぎのようなものがある（『十津川の民俗』十津川村役場）。昔、小又川《こまたがわ》という谷奥でヒヨウが大勢働いていたときのことである。カシキは毎朝飯を神棚に供えていたが、祝詞の文句を知らないので、その都度「はんにゃしんぎょう」とだけ唱えて拝んでいた。ところがある晩、男たちが寝ようとするころ、山の頂上からおごそかな女の声で「はんにゃしんぎょう、出て来い」と呼ぶのが聞こえた。みんなは恐れて、そのカシキを外へ押し出した。ところがまたしばらくすると、「やるぞォ、やるぞォ」と叫ぶのである。男たちはこんどは度胸をすえ、「やれ、やれ、やれ」とどなり返した（「やるぞォ——やれ、やれ」というのは木を落とすときの合図でもある）。そのとたん山上から大石が転落してきて小屋を押し潰し、そこにいた者はみんな死んでしまったという。

終章　果無山脈ふたたび

私は、十津川流域のキリクチ谷から出てきた後、しばらく中辺路町の里の家に母親と一緒に暮らして、そこから通える範囲の山で働くことになった。近ごろでは林道網が発達しているので、相当な奥山へでも往復することができるのである。キリクチ谷のようにまとまった永続的な仕事ではなく、事業主も一定せず、注文に応じてどこへでも出向くこととした。

春と夏は、東ノ川（日置川源流）で、植林と下草刈りに従事していた。そこは果無山脈にわけ入った谷峡で、かつて名古屋の材木業者「長谷川」が原生林の伐採を行なったところ、私の母方の祖父、今中常之烝がコビキとして働いたことがあるかも知れない山である。原生林が伐採された後に植えられた杉と檜が、いまでは樹齢六十年生以上の森林となり、またそれが一方から伐られ、二代目の植林が行なわれていた。ところどころに残されていた自然林も、パルプ材として売られ、その跡地を地拵えするのも仕事のうちである。

毎朝私は、弁当と機械用のガソリンを軽トラックに積み、キリクチの山から飼ってきた赤犬の親仔も荷台に乗せて出かけた。終日一人きりで働くのだが、それは大勢の仲間とやるときとはまたべつの楽しさがあった。能率をきそわねばならない忙しさもなく、請負仕事だから、働くのも休むのも自分の勝手である。昔、炭を焼いていたころのように、腹がすけば時間にかかわりなく弁当を食った。近くで同じような作業をしている男がおり、彼とは気の合う酒の友達なのだが、どちらも一人仕事の気儘さがよくて、共同作業をしようなどとは言わなかった。

下草刈りの場合は下刈機を、地拵えのときはチェンソーを使って、雑木の太い枝などを切った。機械を使うときの私は、連続三日を限度とし、四日目には作業を休むことにしている。腕の疼痛はいまや慢性的となり、身体の疲労もはなはだしいからである。振動病の検診では、A（異状なし）・B（要注意）・C（要治療）といったランクに分類されるが、私もその後の検診によって要注意のBとなっていた。いずれCの患者になるのは時間の問題かと思われる。

ときには車に母親を乗せていくこともあった。彼女は途中の山に入って、サカキの枝を切るのだった。母親と同年配の近所のおばさんを一緒に乗せてくることもある。夕方には沢山の木の小枝とともに、また彼女たちを軽トラックの荷台に乗せて帰るのだ。家に持ち帰ったサカキは、汚れを拭い、神棚などに供えるかたちに、寸法と数をそろえて束ねるのである。縁側一面に青い枝をぶちまけたなかに、母は背を丸めて坐り、内職に余念がない。それは山に生まれ、働き、山に老いてゆく女のあるがままの姿である。なかにはそれで生計を維持している寡婦もいる。ときおり町から業者が来て、その品物を引き取ってゆくのだ。

サカキのほかに、仏事用のシキミや、楊枝の原木であるクロモジも金に換えられる。仕事のあいまに切って、小遣い稼ぎにするケースが多いが、家族ぐるみで専業に行なっている者もいる。たいていは広大な不在地主の山にもらいに入るわけだが、最近では立入りを拒む山林家もあると聞く。雑木の小枝を摘んだからといって、べつに損失をかけはしないのだが、つまり昔日の寛容さが失われて、せち辛くなったということであろう。とくに代替わりした若い山林家にその傾向が強いようである。

わずかな金にしかならない、そのような雑木に人びとの関心が集まるというのは、本来の林業が不振をかこっているからである。戦後に急ピッチで進められてきた造林は、いまではほとんどの山を埋めて、かつての西ヶ谷や果無山脈のような大規模な事業を行なう余地はなくなってしまった。四十年代のような山林ブームも去り、投資意欲も冷えた。一方、戦後植えられた広大な森林は、まだ伐期に達しておらず、伐採できるのは、戦前からもちこたえてきた一部の地域に限られている。

しかも木材市場のほうは、経済の高度成長につれて伸長しつづけた外国産材の輸入が、いまでは需要の七割近くを占めるにいたったという。市場価格を支配しているのは木材業界ではなくて、一部の大手商社なのである。低廉な輸入材と競合し、一方では高い労賃を支払わねばならないので、木材を売っても儲からないどころか、下手をすると赤字を出す、と関係者はこぼしている。おかげでここ数年来、労働者の賃金はほとんど上昇していない。山林家が負担に感じている金額も、労働者の側からすれば、自動車やチェンソーや下刈機などの代金や、燃料費の支払い、さらには諸物価の高騰により、決して満足できるものではないのである。伐採や植林で働きながら、休憩時間にサカキを切ったりするのも、いわばその低賃金の補填といえよう。

かつての青年作業班の仲間で里に残った男たちは、いまも森林組合関係の山で、除伐や間伐作業に働いている。相変わらず仕事熱心な彼らは、それぞれ堅実な家庭をもって、いまがいわゆる子養いのさかりである。ところで山の労働者のなかでは、四十をすぎたわれわれの世代が一番若い。昭和三十年代後半に青年たちが山を去ってから、その後をうめる者がいなかったのである。全体の平均年齢でみると、五十歳をとうにすぎているだろう。

私どもが二十代に経験した、山村からの急激な人口の流出は、おおむね若年層を主体としたものだった。当時田舎ですでに所帯をもっていた三十代以上の人びとは、比較的動かず、以来、林業と里の生活の担い手となってきたのである。今日その彼らが、労働年齢の限界に達しようとしていた。これまで問題にされた過疎化が第一段階とすれば、現在は第二次の過疎化が進行しているというふうにいわれている。第一次は高度経済成長がもたらした人口流出による過疎、第二次はその後遺症としての、全体の老齢化と死亡による過疎である。

老齢化による引退を待つまでもなく、労働者の職場からの離脱は、最近とみに目立ってきている。それを早めているのが振動病だ。たとえば現在私が住んでいる近野地区では、山林労働者の半数近い六十数名が、検診の結果患者と認定され、なんらかの治療を受けており、なかには数年にわたって闘病生活を続けている者もいる。残る半数の人びとも、私を含めてほとんどは要注意とされる患者の予備軍なのである。

木炭の生産は、近野地区で最盛期には数十窯を数えたものだが、現在活動しているのは一窯だけだ。それも五年ほど前に開業した国民宿舎が、観光客に見せようとして、庭に備長炭の窯をこしらえたものである。窯番として、経験のある老人を日当で傭い、フロントの従業員が暇をみて、遠くの山から車で原木を運んできている。私が知っている炭焼きの朋輩たち、天井置きを互いに手伝い合った人びとは老い、あるいは他界してしまった。

十一月と十二月を、私は果無山脈の南側のナメラ谷で働いた。ここにはじめて小屋を建てた四十一年秋から数えると十二年目、果無を去ったのは四十七年だったから、六年ぶりでまた帰ってきたわけである。

近野森林組合と振興会が手離した後、果無山の北側は、大手の木材会社が一括経営して、労働者も常駐しているが、南側はさらに転売する過程で分割され、持主の数も十指にのぼっているという。そのうちの一部の山主から、私は仕事を依頼されたのである。その後手入れもされないまま売買されたらしく、杉や檜の植林のあいだに雑木が残り、蔓が絡まりついていた。それらを刈り払うのが私の仕事だった。

広見川の林道を約一〇キロほど車を走らせ、車を置いてから現場まではさらに一時間ばかり山道を登るので、往復二時間以上の道程である。しばらく私は里から通ってみたが、やはりその時間が惜しまれて、山に泊まることにした。十二年前に建てた小屋は、捨てられて風雪に晒されながらも、まだ形だけはとどめていたのである。架線は撤収されてなくなっていたので、車を置いた地点から山小屋まで、必要物資はすべて肩で運ばねばならなかった。寝袋、食料品、草刈機とその燃料のガソリンなどである。

プレハブの山小屋は、ところどころ屋根が破れ、入口の戸は壊れてなくなっていた。窓をあけようとすると、枠が朽ちていてガラスが外れて落ちた。風呂の五右衛門釜は錆びついて使いものにならず、発電機も手の施しようがないほど壊れていた。だが、かつてわれわれが使用したブリキ製の食器や鍋は、錆びもせず残されており、軒先に転がっていたプロパンガスのボンベにも、まだ中味がたっぷりとあって、どちらもすぐに役に立ったのである。風雪にたやすく侵蝕されるものと、比較的耐えられるものとの、そのとりあわせから、私は歳月というものを不思議に実感するのだった。夜の明り用には、石油ランプとローソクを持参し、捨てられていたビニールホースをつないで、近くの谷川から軒先まで水を引いてきた。

犬を相棒に宿泊し、自炊しながら一人で働き、三日に一度くらいは里へ帰るといった生活である。里からはまた食料品と草刈機の燃料と、自分の燃料——焼酎——をかついで登ってくるのだった。

林のなかに入ってゆくと、岩のかたちや崩れた斜面や、ところどころに伐り残されて聳えているブナの老木など、あらゆるところに、過去の生活と労働の記憶が宿されていた。毎朝弁当袋を背負って小屋から現場へ通う作業道は、かつて自分の手で造ったものであり、途中の泉が湧き出ているところでは、むかしと同じ姿勢で岩に口づけして、したたり落ちる水を飲んだ。またわれわれの植えた杉や檜は、土地の肥沃した部分では、もう柱材がとれるほどに生育しており、それを見るにつけても、久しく別れていた友との再会に似た感慨をおぼえ、おまえたちも生きておったか、いそしい(達者)か、と心のなかで語りかけた。

静かな林のなかに、草刈機の単調な連続音が響いた。またときには手を止め煙草に火をつけて、遠近の山々の重なりを見渡す。霧や靄のない日には、遠い山の彼方に、わずかに熊野灘が見えることもある。陽光のかげんで、あるときは鉛色に、あるときは朱に染まって輝いている。あの海辺で自分は生まれたのだ、と私ははるかな時間と空間のへだたりを思う。

どこにも人家は見えないが、東の方角から、かすかに機械の軋む音が伝わってくることがある。それはふもとから稜線を巻いて登ってきつつある道路工事の物音だ。その道路は本宮町から日置川奥に入り、果無山脈を越えて龍神村へ、さらには高野町へとつなぐ計画だという。紀伊半島の最奥山にまで踏みこんできたわけである。われわれが荷物をかつぎ上げて、ここで山小屋暮らしをしたことなども、やがて昔語りにすぎなくなるだろう。だが私は、便利になるのでありがたいなどとは思わず、むしろ自分の棲処を蹂躙されているというふうに感じる。同時に、自分もまたそこに傭われて働くことになるかも知れないとも思う。

やがて太陽が頭上近くに来ると、昼飯である。食うことは、むかしもいまも変わることのない楽しみだ。トランジスターラジオを聞きながら、くつろいだ時間を過ごす。だがここ十年ほどのあいだに、飯の量はかなり少なくなった。かつては弁当は飯盒で持ってきたものだが、いまは大きめのアルミの箱で満腹するのである。作業量の減少もさることながら、年をとったということでもあろう。

岐阜県の山岳地帯でカモシカの射殺が始められたということも、ラジオを聞いて知った。植林地の被害に困り果てた山林家の要請を容れ、環境庁は地域と頭数を制限したうえで、間引を許可したのである。益田《ます だ》郡小坂《こさか》町というところでは、四〇頭を目標に捕獲または射殺するという。監督さんもとうとう殺される羽目になったか、と私は思う。色とりどりの狩猟服で身を飾り、自慢のライフルやブローニングをかついだ町のハンターたちの躍起して乗りこんでくるさまが、眼に見えるようである。カモシカは、長いあいだの保護に馴れ、ある程度は人間に心を許している。また足が遅いうえ、岩場などに避難すると、安心して声のするほうを眺めて佇む性質をもっている。それを撃つのはたやすく、おもしろい遊戯であることだろう。殺戮の銃声が、私の耳底にも聞こえるような気がする。

ラジオの番組がおもしろければ、昼休みも長くなり、しかしまた気が向けば、草刈機を振りまわして日が暮れるまで働いた。いつもに比べると温暖な冬だが、それでも十二月に入ると雪が舞い散るようになり、風の強かった夜明けには、頂上付近に真っ白な樹氷の輝きも見られた。夕方、にわかに吹雪模様になることもあった。

小屋には、安い臓物肉をたくさん持ち込んで、軒下に吊るしておいた。夜になると凍るので、冷凍庫に保存しているのと同じである。毎夜ストーブの上で肉を焼き、ランプの明りで焼酎を飲むのだ。ラジオに耳を傾けたり、犬に話しかけたりしながら、ときおりストーブに薪をさしくべる。そして長い時間をかけて、熱い肉をたっぷりと啖《くら》い、焼酎を喉に注ぎ入れた。

戸のない入口には、かわりに小屋の床板を剝がして塞いでおいた。が、風が吹くと、隙間から粉雪が舞いこんだ。また静かになると、谷川のせせらぎが聞こえた。私は黙々として飲み啖うばかり。飲むこと、啖うことのほか、かくべつ心を刺激するもののないという、すがすがしさと淋しさ、やがて焼酎のストレートな酔いと、吹きこむ粉雪や、闇の彼方のせせらぎの響きが、じんわりと調和してくるのだ。飲食が終わると、作業服のまま寝袋にもぐりこみ、すぐさま眠ってしまう。もっとも、このあたりの様子は、明くる朝なにも憶えていない。

ある夜は、淡い目覚めが訪れるあたりで、夢にうなされていた。枕許になにか獣がいて、私を見おろしているのだ。起き上らねばならないと思うのだが、手も足も動かない。しばらく苦闘した後、やっとのことで夢の呪縛から脱して眼が覚めた。心を落ちつけてみると、枕辺のそばの小さな窓が、白っぽく明るんでいる。

私は懐中電灯をともして時計を眺め、まだ朝には遠く、淡い月明かりであることを知った。寝袋の中で眼を見開いて、白い窓をしばらく眺める。そして十年昔のある夜にも、同じ場所で夜半に目覚めて、小さな窓の頼りない光を見つめ、外の月明かりの山の姿を心に描いていたことなどを、思い出していた。

増補　新しい世紀の森へ

紀州備長炭の今昔

窯の残骸

平成十七年春、私は久しぶりで四滝谷《したきだに》（和歌山県新宮市熊野川町）に入ってみた。ある会合に招かれて中辺路町の自宅から尾鷲市《おわせ》（三重県）へ出かける途中のことであった。尾鷲は自分の生まれ故郷であることから、ついでに四、五歳のころに両親とともに住んだ四滝谷も見ておこうと思い立ったのである。そこは昭和五十四年に母親の好子とともに訪ねたとして、「序章　古窯の跡を訪ねて」に書いている場所だ。

二十六年後のいまもまわりの景色はあまり変わってはいない。だが、熊野川に合流する谷川の近くに、地元の自治体がつくったゴミ焼却施設が立ち、谷奥へ入る林道が舗装されている。それと渓谷をはさんだ険しい山々の木がすっかり深い森の様相をおびるまでに生長した。

谷川のほとりに近い炭窯の残骸ももとのままである。だが二十六年前に比べると、粘土の部分が洗い落とされて、石垣ばかりになっている。直径約二メートル、高さ一メートル余りの小さな窯である。

序章では書きもらしたが、四滝谷ではこの少し上流にもう一つの窯をもっていた。周囲の山にはいろんな種類の樹木がある。そこで一方には黒炭用の窯をこしらえて、もっぱら松を原木とする鍛冶用の炭を焼き、もう一つは白炭用の窯として、樫やウバメガシでもって紀州備長炭を焼いた。いわば二刀流の炭焼きであった。備長炭の窯跡のほうは石垣のかけらだけを残して消滅している。この林道をこしらえたおりに破壊されたのである。

こちらの松炭を焼いた窯跡は粘土の部分はなくなったものの、石組みはしっかりと残っている。父親が石を一つ一つ手にとって積み上げたそのままのかたちだ。長い歳月にわたって風雨に晒された石に、苔がまといつき、風雅とでも形容したいような美しいたたずまいである。愛惜のないまざった感情とともに、この窯をそっくり移動して自分の家の庭に置きたい、と私は思った。

窯のまわりでは樫の木が生長して、空が見えないほどに枝を拡げている。完全に隠された状態だから、山崩れなどおきないかぎり、さらに長い時間をここで存在し続けるにちがいない。たまに釣人が通って眼にとめたとしても、なにをした跡なのかもわからず、まして一つの家族がこの小さな谷川のほとりで住んだことなど知るよしもないだろう。

私自身が子供のころから関わった炭窯は十数カ所にのぼる。四滝谷の松炭の窯は唯一の例外で、他はすべて紀州備長炭である。そのほとんどの窯の残骸はいまも跡をとどめている。備長炭の主産地であった紀伊半島南部では、全体の数は数千基にものぼるのではあるまいか。

ところで炭焼きがさかんだった時代、これらの古い窯は用もなく忘れられたものではなかった。原木を伐採してしまった後、炭焼きは住居小屋や窯をいったん捨てて、ほかの山へ移動する。だが、切株はまた新しい芽を出し、二十数年もすればふたたび炭が焼ける太さに生長するのである。すると炭焼きがまたどこからかやって来るのだった。

そこに残骸があるというのは、急峻な地形であっても落石などに対して安全で、かつ地下水などのない炭窯の適地であることが保障されているようなものだ。また、炭窯をまったく新しく建設するよりは、古い窯をやり直すほうが手間もはるかに少なくてすむ。かくして残骸はまた甦るのである。

紀州備長炭は江戸時代の中期に田辺の炭問屋、備中屋長左衛門《びっちゅうやちょうざえもん》によって銘柄が確立されたといわれている。紀州徳川藩支藩の田辺藩や新宮藩では炭焼きを奨励し、製品は帆船で江戸に運ぶなどして、藩の主要な財源にあててきた。いつの時代にも多くの炭焼きがおり、交通の便の悪い奥山にも炭窯のないところはないといってもよかった。そこでは炭材の林は二、三十年のサイクルでくり返し伐採され、そのたびに窯の残骸も手を加えられて再生したのである。だが、昭和四十年ごろからは様子が大きく変わっていった。

私は昭和四十三年に父親が病没したことにより、炭焼きの仕事はまったくしなくなった。いまでは私自身が窯の残骸のようなものといえようか。以下はその残骸の眼に映った、紀州備長炭の変わりようである。それもごく大雑把に記す。

その後の備長炭

備長炭をふくめて木炭産業が不振をきたしたのは昭和三十年代後半からのことである。燃料革命といわれる時代となり、田舎の家庭でも薪や木炭にかわって、電気や石油やプロパンガスが使われるようになった。昭和三十七、八年ごろ中辺路町内の高尾山の山腹に窯をかまえていたときのことだが、ある日父親が里から小さなガスボンベをかついで登ってきた姿はいまも忘れがたい。煮炊きの手間がはぶける分、仕事がはかどる、と考えたのだろう。それにしても炭焼小屋でガスボンベを使うようでは、備長炭もおしまいだな、と私はおもわずため息をついた。

三十八年といえばガス器具メーカーが鰻の蒲焼器を考案発売した年でもあった。これが大あたりで急速に普及した。鰻料理だけには備長炭が欠かせないだろうと、あてにしていた最後の砦にも赤信号がともったのである。

問屋や生産者も危機感をつよめて、それなりの対応策をうち出した。

四十年代には「紀州備長炭使用の店」と墨書した木製看板を全国の飲食店に配布したり、テレビのコマーシャルとして放映した。テレビや新聞の現地取材など、私の時代にはまったくなかったが、ときおり眼にとまるようにもなった。

四十九年には製炭技術が和歌山県の文化財に選定された。これは行政が備長炭の振興に一役かっていることのあらわれといえようか。

五十二年には和歌山県で第二十八回全国植樹祭が開催された。その会場に新しく備長炭の窯と小屋を建設して、天皇皇后両陛下にお見せしようということになった。

完成まぢかな現場を私も覗いてみた。丸太で組立てた瀟洒《しょうしゃ》な建物の中に、炭窯もレンガで美しく積み上げていた。つくりようは手がこんで垢ぬけがしていたが、労働の汗や生活の匂いはみじんも感じられず、こんな炭焼きがあるものか、と私はしらけた気持になるばかりだった。そこで昭和天皇は備長炭の華ともいうべき窯出しの場面を見られて、「ご苦労だね」と声をかけてくれた、と新聞は報じた。

だがふり返ってみると、どんなものであれ天皇が備長炭の作業を眼のあたりにしたのは画期的といえるかも知れない。さらには私の気持をしらけさせた建物や窯の形式も、その時代から一般の炭焼きたちも受け入れて、次第に主流になっていくのである。

一番の変わりようは、窯が山中ではなく便利な里の付近につくられるようになったことだ。林道網が奥地まで普及するにつれて、原木は遠くからでもトラックで集めてくるのである。人里からへだたった林や、険しい渓谷に山小屋をかまえて住む必要もなくなった。

つぎに作業小屋のつくりようも現代風になった。天皇に見てもらった建物ほどではないにしても、しっかりした木材や鉄材も使い、屋根はトタン板で張っている。

山中の窯のようにまわりの原木を伐り尽すと、捨ててほかへ移動するのでもない。トラックで原木を運んでくる窯は、一カ所に固定して半永久的に使われるのである。炭窯もわれわれの時代のように自然石で積むのではない。植樹祭の窯のようにレンガを使い、最近では粘土のかわりにコンクリートで固めるようにもなった。そのほうが手間がかからないし、丈夫だからである。

それにしても炭を焼く人々は年毎に少なくなり、生産量も減っている。私が高校を卒業して炭を焼きはじめた昭和三十二年には和歌山県下の備長炭は、約四〇〇〇人が一万五一〇〇トンを焼いていたのが、炭焼きをやめた四十三年には一〇〇〇人で五〇〇〇トン、さらに平成十年には二一〇人で一八五〇トン、平成十五年は一八六人で一六七五トンというふうに下降線をたどっている（『紀州備長炭の世界』田辺市経済部農林課、『紀州備長炭の動向』和歌山県林務課）。

消費量では一進一退をたどったが、重労働のわりには収益がともなわないことから、若い年齢層の参入がなく、高齢者はしだいに引退するから、総体として減少を余儀なくされたのである。

そこに原木の不足も拍車をかけている。紀伊半島の奥地はとくに杉や檜の植林をやりすぎたためである。樫やウバメガシのまとまった林はほとんど消滅してしまった。

ただ海岸に近い山は植林の適地でないところから、自然林もかなり残った。日高川や日置川の下流域、それに田辺市やみなべ町周辺などが、その後の生産を支えた地域である。備長炭に対する人々の執着心もなかなかのもので、ねばり腰でもって斜陽化とたたかってきたのだった。備長炭を愛してやまない人々、と私の思いは亡き父親にもおよぶ。

生産者の熱意が行政に反映される場面もあった。

平成三年に南部町《みなべ》(現・みなべ町)に「紀州備長炭振興会館」がつくられたのもその一つである。続いて平成九年には田辺市に「紀州備長炭記念公園」が建設された。どちらも歴史、文化、民俗、技術などの情報が集約されており、炭窯も稼動している。なかでも記念公園のほうは広いスペースがあって、散策やバーベキューなども楽しむことができる。

備長炭が一般の人々のレジャーになるなど、私の青年時代には想像もできなかった展開なのである。

新しい担い手

炭焼きをやめて久しいが、私はいまも備長炭を使っている。自宅で鰻の蒲焼や焼肉用のほか、囲炉裏でも焚くのである。

私の使う炭は、おなじ中辺路町内に住む藤原孝広《ふじわらたかひろ》さん（昭和四十二年生まれ）と美智子《みちこ》さんご夫婦から買っている。二人は平成七年に横浜市からサラリーマンをやめて移り住んだという。地元の農協の窯で二年間見習いをした後、新しく窯を造成して独立した。

藤原さんの窯は急斜面にへばりつくようにして、すぐ下に富田川《とんだ》を見おろす位置にある。二基の窯が工場のような鉄筋づくりの広い屋根の下におさまっている。ただし、窯の胴は昔ながらに丸い自然石で積んだものだ。レンガやコンクリートは炭の質を悪くするともいわれていて、伝統的な工法にしたがったのだという。窯の裏にいたる石段なども丹念なつくりである。末長くここで炭を焼こうというかまえだ。

窯の火穴には木酢液を採取する煙穴のような装置もつけられている。木が炭化する過程でガス体となって煙とともに排出されるものを冷やし、液状にして桶に溜めるのである。さらに手を加えたものが、木酢液として、殺虫や殺菌、畜産飼料添加物等の商品として出荷される。それらの装置も藤原さんの手づくりだ。

自然とふれあいながら自分の手でものをつくる仕事がしたくて炭焼きを選んだ、と藤原さんは言う。夫婦がいつも一緒で、同じ仕事をするのが理想、と美智子さん。

二人は新婚二カ月目でこの土地へ来て炭焼きをはじめたという。十年が過ぎて、いまでは八歳と五歳の男の子がいる。集落の町営住宅で暮らして、美智子さんは主婦と母親の仕事もせねばならない。だが多くの時間を、夫婦で一緒に働くのである。

山林は田辺市の郊外にかなり広い面積を手に入れている。もう数十年も放置されていた山林なので、樫やウバメガシも太い木が多く、しかも斜面は険しい。だが美智子さんもチェンソーを使って伐採をするそうだ。すらりと背の高い美人なのだが、腕だけはがっしりと太い。

伐って玉切った原木は動力つきの架線で車道までおろす。一方で積むのは夫、こちらで落とすのは妻、無線機やリモコンなども使っての作業である。原木はさらにトラックに載せて、一時間ばかりかかって窯まで運ばれる。

窯場では木を入れ、三、四日がかりで口焚きをし、原木に着火すれば火の操作に神経をつかい、さらに窯から炭を出すときの暑気、根気のいる炭の選別や箱詰めなど、さまざまな作業工程は昔もいまも変わらない。

美智子さんはたいていの作業をこなすことができ、窯出しなども一人でやることがある、と聞いて私はびっくりした。数時間にわたって熱気とたたかいながらの窯出しこそは、もっとも過酷な作業であり、私はいつも父親と二人がかりだったからである。

窯の操作だけは孝広さんがやっている。だが美智子さんも子供に手がかからなくなったら、自分でやろうと考えている。独立してでもやれるような本当の職人になりたい、と。

私の青年時代に比べると機械化も進んでいる。架線やトラックやチェンソーが典型だが、電動式の木割りや、窯から出した熱い炭を手動のバケットで移動させる工夫もある。なによりも電気が窯場にきているのは大きな様変わりだ。

しかし窯の操作だけは昔ながらに経験と勘に頼らねばならない。まさに熟練を要する手作業でもある。藤原さんはまぎれもない一人前の炭焼きなのだが、ときには炭がやわらかくて砕けるなど製品にむらがあり、原因はよくわからないという。それは何十年もの経験者にもあることで、備長炭のむつかしいところなのである。

窯出しと老母

九月のある夜、私は藤原さんの窯出しを見せてもらうことになった。東京から大学生の男女二人が見学に来たので、私の母親や妻や弟夫妻も連れて出かけたのである。台風が近づいて、ときどき横なぐりの雨が降っていた。

藤原さんの窯と小屋は森の深い闇のなかにある。その真ン中に口を開いた窯から金色の炎が立ち昇っている。窯出しを始めたのは午後三時三十分だったという。私たちが着いた五時三十分には、すでに三回ほど出していた。

挨拶もそこそこに美智子さんが柄振《えぶり》を手にして、窯のなかを見つめながら炭をかき出す。表情がきりっとひきしまり、腰のかまえや柄振を使う手つきもぴったりと決まっている。炭と炭がふれあう乾いたような音が響いて、金色の炭が窯の外へこぼれ出してくる。一塊りの炭が外に出ると、こんどは孝広さんが、べつの柄振を使って炭イケへかき寄せる。さらに美智子さんがスコップでもってスバイ（灰）をかぶせて火を消すのである。

そして次の塊りがほどよい色に輝くのを待ちながら、一息入れて汗をぬぐうのである。私の母親が夫婦に話しかける。八十六歳になる彼女は立居振舞も言葉もおぼつかないが、おそらく三十数年ぶりで窯出しを眼のあたりにして、気持も昂揚しているのだ。腰をかがめて窯の奥を覗きながら「ええ炭が焼けとるよ」と呟き、「ネラシはいつから入れたんな」と訊いている。孝広さんは微笑で応じて「おとついの夕方からです。ろくに眠れないから、疲れますね」と言った。

「炭が焼けて、ネラシ穴から窯のなかを覗くときは緊張で胸がどきどきしますね。いい炭だったらうれしいけど、砕けていたらもうがっかり、とてもつらいです」と美智子さんは言いながら、母親が坐れるように椅子を出してくれた。

そしてまた窯出し作業になるのである。こんどは孝広さんと美智子さんがそれぞれ柄振を持ち、並んで炭をかき出す。闇を背にした二人の姿を炭の炎が照らして、メルヘンのような幻想的な美しい雰囲気をかもし出すのである。硬い炭のふれあう音が、爽やかな伴奏曲のように響いている。窯の外に出した炭は、孝広さんがべつの柄振で炭イケに寄せて、美智子さんがスコップでスバイをかぶせる。その作業を夜中までくり返さねばならない。

「やっぱりきつい仕事ですね」

「とても熱いですね」と学生たちは驚いている。

「炭焼きの休みはいつですか」とも訊いている。

「それはお盆と正月、窯を閉めて休みます。でも仕事がおもしろいから、休みたいとは思わないですね」と孝広さん。

「炭はどこへ売るのですか」という質問。

「おもに農協へまとめて出荷するんだけど、個人へ直接売ることもあります。最高級の『馬目小丸《ばべこまる》』一箱（一五キログラム）が八〇〇〇円前後ですね」と孝広さんが答え、美智子さんは「本当は消費者に直接手渡したいですね。どんなふうに使っているか、どんな炭が気に入ってもらえるか、なまの声が聞きたいです」と言った。

美智子さんはこのあいだ浜名湖（静岡県）へ旅行をしたさいに、鰻を扱っている料理屋を訪ねてまわった、とも話した。結果、三〇軒のうち燃料に備長炭を使っているのは二軒だけ、それも中国からの輸入品だったという。ほかの二八軒はみんな電気の蒲焼器だった。

ある一軒では、「いまどき備長炭なんか使っていたら商売になりません」とにべもない返答だった。

べつの一軒では「問屋から紀州備長炭を十年間買ってきたが、最近になってみんな中国産だったことがわかった。もう誰も信用できない。あなたも信じませんし」と言われて衝撃をうけた。

中国産の白炭は平成三年ごろから輸入されるようになった。南部の福建省あたりにはウバメガシの林があり、問屋のきも入りで和歌山県の炭焼きが教えにいったのである。以後、中国備長炭と称して輸入量が増加し、市場で国内産を圧倒するまでになった。

しかも値段は四割程度と安い。それが国内産とまぎらわしいかたちで売られているのだ。私も中国産を手にとって見たことがあるが、色合いや硬さも上出来なのである。よほど使ってみないと、国内産との違いはわからないだろう。

美智子さんにすすめられて、私も久しぶりで窯出しをやってみた。かつて柄振は鉄製で、炭の高熱ですぐに曲って使いにくかったが、いまではステンレス製である。長くて重い柄振を吊鉤に載せて、窯のなかへ差し入れる作業は変わらない。

柄振を強く当てると、せっかくの炭が砕けるし、窯の床《とこ》を掘ってもいけない。柄振の先に神経を集中させながら、用心深く炭をかき出すのである。やりようは頭のなかではわかっていても、体や腕の動きはぎこちないのだ。二、三時間もやれば勘がもどってくるだろうが、と思いながら、私は柄振を美智子さんの手へと返した。

母親は椅子に腰をかけてじっと見入っている。老いて頼りなくなった頭のなかにも、過ぎし日の炭焼きの日々が甦ってくるのであろうか。若くてたくましかった日には、美智子さん同様に夫婦で手をたずさえて、炭焼きのあらゆる作業をやってのけたのである。それにしても今夜は、彼女がこの世で眼にすることのできる最後の窯出しかも知れない、とも私は思う。その老いた小さな姿を金色の炎が照らすのである。

去る人、来る人

青年作業班のそれから

西ッ谷の植林小屋で働いていた昭和三十五年、近野森林組合青年作業班には二三人の若者がいた。だが、国をあげて経済の高度成長を謳歌するなかで、平野部や都市の産業に転職する者があいつぎ、三十八年にはわずか七人に減ってしまっていた。それは全国的な傾向で、この時代に農山漁村の若年層の三分ノ二が、第一次産業の現場を捨てたのである。まさに雪崩をうつがごとき現象で、私は残った者の一人として、ある種こだわりの心情をもって今日にいたった。

現場で働き続けることを選択した七人のその後はどうだったか。

私は四十七年に果無山脈の植林地が売却されるとともに作業班をやめたが、ほかの六人はそのまま森林組合で仕事を続けた。もはや大規模な現場はなかったが、造林だけでなく、木材の伐採や土木作業などもして、雇用は保障されてきた。

ところで果無を去って以後、森林組合の現場では山小屋の生活がなくなった。林道がさらに奥地へと延長されたからである。人並みに里の家で暮らし、弁当を持って車で通勤をする暮らしがおとずれた。

みんな少しだが田畑もあり、自家用の米や野菜をつくりながらの山仕事である。日当払いという賃金をはじめ、待遇もあまり変わらなかった。むしろその後の長い林業不況のなかで、賃上げが行なわれない分、相対的に悪くなったといえようか。若いころのようにがむしゃらに長時間働くということもなくなった。

平穏でつましい生活、というのが山に残った者の印象であった。どちらかというと積極的で行動力のある若者は町へ出てしまい、こちらは平凡にして堅実、よいことにしろ悪いことにしろ、とり立てて話題になるような者はいなかった。

もちろん子育てをして、それぞれ高校までは卒業させている。この里から高校まではまだ通学はできなかったから、下宿か寄宿舎の生活である。仕送りが大変だろうな、と子供のない私は傍観するばかりだが、お金の苦労が透けて見えるような場面はなかった。

ただ働くだけではなく、季節にしたがって釣りを楽しみ、ときには猟銃をかついで猪や鹿を追うという生活である。獲物が手に入らなくても、夕べには仲間と酒をくみ、おしゃべりに花を咲かせるのだった。田舎暮らしも悪くはなかった、といえるのではないだろうか。

だが、その子供たちで父親の跡を継ぐ者は一人もいなかった。田舎暮らしはともかくとして、山仕事は自分一代で十分、と誰もが考えてきたにちがいない。せめて農協か役場か町の月給取りにしてやりたい、と願うからこそ高校へやったのである。子もまたふだん意気のあがらない父親の姿を見ている。就職を決めるさいにも、山仕事など選択肢に入るわけがなかった。

作業班で最後まで勤めた六人のうち、一人は六十歳の定年を過ぎてまもなく病気で亡くなったが、ほかは元気で年金をもらっている。森林組合で掛金を続けてきた農林年金は公務員などよりずっと低額だが、国民年金よりは多いのである。

経済の高度成長の時代に都会へ出ていった仲間たちの、その後はどうだろうか。ふたたび山の仕事に戻った者は一人もいない、と「第二章 青春の西ッ谷」に書いたが、その後も同じだ。二十年ほど後に帰った者が一人だけいるが、彼は都会で商売を身につけてきて、製材所をつくり木材製品の販売を手がけた。いまでは数人の従業員をもつ経営者である。

彼らの都会での暮らしぶりについて、私はあまり詳しくは知らない。しかし中学卒の学歴しかもたない者が二十歳を過ぎて転職したのだから、そんなに条件のよい仕事にありつけたとは考えられない。経済成長の時代とはいえ、職場では低い位置からの出直しだったのではあるまいか。

おおかたは狭いアパートや社宅に住んだことだろう。混み合う乗物にもまれて通勤し、まわりの人々に気を使いながら働き、残業もし、くたびれて帰る日々も多かったにちがいない。それでも雪の山で木と格闘したり、炎天下で出る汗もないほどに消耗しながら草を刈り続けた、あのきびしい労働に比べれば、まだ我慢ができる、と考えたことだろう。

都市の汚れて眼を刺すような大気や、カルキの臭いのする飲み水にも少しずつ馴れていったことだろう。やがて妻をもち、子ももうけた。まじめに辛抱づよく働いたおかげで、少しはましな家にも住むことができ、生活も落ちついていった。

彼らも親のいるあいだは盆正月に帰っていたが、やがて空家だけが残った。そして定年を迎えた。私の知る一人は、老後は郷里での年金暮らしを考えていたという。しかし妻や子供は賛成してくれない。家族の者にとっては不便なだけで馴じみのうすい田舎にすぎないからだ。

町から来る若者たち

私どもは若いころから現場で働いてきた最後の世代である。その後は地元の若者が山に入るということは絶えてなくなった。

したがって林業従事者は年とともに減少し続けている。林業がもっとも盛んだった昭和三十五年、従事者の数は四五万人をかぞえた（『林業白書』林野庁）。十年後の四十五年、輸入外材の需用が国産材を上まわった年には二二万人と半減、昭和六十一年一六万五〇〇〇人、平成十五年六万人と減り続けた。

減少に歯止めをかけようという動きもあらわれた。平成四年、龍神村森林組合（現・田辺市）では、月給制をとり入れて、ボーナスや社会保険なども役場の職員とまったく同じ待遇での採用をはじめた。外来者のために住宅も用意された。

毎年五人ずつ青年林業士として採用して、十年間で五〇人にしようという計画である。だが、多くは一人前の稼ぎができない素人だから、森林組合としては人件費が重荷になる。そこで村役場が研修の一年間だけは一人につき二〇〇万円の給料の補填を行なうことになった。年間一〇〇〇万円、十年で一億円の予算である。

林業労働も月給制に、というのは私たちが青年作業班のころに議論したことだった。当時はほとんど日給制だったが、営林署だけは野外の作業員も国家公務員だった。全林野労働組合の押しが強かった時代の産物ではあったが、われわれの眼には先進的なモデルのように映っていたのである。

ところが後に林野庁では膨大な赤字をなくすために、作業員を減らす方向へと政策を変えた。新採用はいっさい行なわず、事業を縮小するとともに、最低限必要な作業は民間へ委託したのである。いま国有林の現場で働いているのは、ほとんど森林組合など民間の人で、つまり日雇労働者だ。

龍神村森林組合では後継者を育てるために林野庁とは逆の方策をとったのである。県下の森林組合の中でもとくに経営がしっかりしていることと、林業を重視する土地柄によるものといえようか。

青年林業士には応募者が多く、数年で二〇人に達した。だが十余年をへた現在も、それよりはふえていない。林業が低迷するなかで、森林組合の体力が続かず、採用が中止されたのである。

同じころ、本宮町森林組合（現・田辺市）でも外からの若年層を受け入れた。こちらは従来どおりの日給制だが、住宅を周旋し、常時雇用を保障するというものである。しかし地元の若者が応募するケースはなく、すべて都市部から来て、いっときは一〇人ほどにも達した。

その一人のSさんと私は懇意になった。Sさんは子供たちを自然のなかでのびのびと育てたいと考えて、東京から移住したという。初体験の山仕事はきびしかったが、まわりの事柄は目新しく興味をそそられた。季節のうつり変わりや、小鳥や獣たちとの出会いなど、感動に満ちた日々だった。腹を空かせての弁当の味はかくべつだし、やがて仕事にも馴れた。

Sさんは熊野川に近い里で空家を買って住んだ。わずかだが田畑もついている。辺鄙なところだが、裏には森があり、前方は広々とした川原に、澄んだ水が流れている。いわゆる過疎地域で近所には年寄りが多いが、みんな親切で素朴で仏さまのような人ばかりだ、とSさんは言う。野菜や米づくりを初歩から教えてくれるし、子供たちもまるで自分の孫のように大事にしてくれる。都会では小さなアパートに住み、車が怖くて子供も外に出せなかったが、ここではいきいきとして野良を跳ねまわるのである。

だが、二男一女の子たちが成長するにつれて、Sさん夫婦は思案にくれるようになった。生活費が足りないのである。Sさんの日当はもう何年も九七〇〇円のままだが、森林組合は赤字経営が続いていて、これ以上の昇給はのぞめない。悪天候や病気で休むと賃金はカットされるから、月収は二〇万円程度で、ボーナスもない。

いっぽう古い家を修理せねばならないので、お金が要る。上の子供はまもなく新宮市の高校に進学するが、通学のバス代だけで三万円の出費増となる。また、一緒に働いてきた仲間がやはり生活にゆきづまって都会へ帰ってしまったことも、Sさんの気持を暗くしているのである。

Sさんは私にそのような話をしてから、まもなく森林組合をやめてしまった。町内の温泉地のホテルで適当な仕事が見つかったのである。外から来ていたほかの仲間もほとんど退職して、現在では一人か二人が残っているだけだ。地元の若者が現場に入らないのは、はじめから条件の悪さを知りぬいているからだった。

しかし、現場に外来者を入れるという発想は、二たび三たび立ち上ってくる。平成十四年和歌山県では国や他の府県とも提携して「緑の雇用」なるものを始めた。目的の一つは森林資源の保全と担い手の育成、二つめは都会の企業によるリストラであふれている失業者の救済対策、三つめは「京都議定書」の批准で世間の関心の高いCO_2（二酸化炭素）排出の数値を抑えるための森林整備である。いわば直面する政策課題にからめて、国の財政的支援をとりつけたかたちだ。

「緑の雇用」によって、平成十七年、県内には約三〇〇人の外来者が林業に従事している。平均年齢三十六歳で、家族をふくめると五百数十人にのぼる。おもに森林組合の現場で働いて雇用は一年区切りである。

自治体も協力して空家を探したり、一部では新築もしている。仕事は地元の経験者が指導して、植林や伐採や土木工事などもするが、一年や二年では賃金に見合う働きはできないといわれる。日当制の一日一万円弱で、その他の条件も本宮町のSさんの場合と変わらない。年間の手取りで二五〇万も入ればよいほうだ。

私の近所の公営住宅にも三十代の男性が親子五人で暮らしている。畑も借りて野菜づくりをするなど、地域の生活にとけ込んで永住するつもりなのである。彼の所属する中辺路町森林組合（田辺市）の「緑の雇用」事業では現在三五人が働いているという。待遇はさておいて、いつまで仕事があるかが気がかりだ。

そもそも国の「緑の雇用担い手育成対策事業」の予算は一年限りの研修費用だという。なくなった二年目から、県の援助は多少あるにしても、森林組合が自力で雇用せねばならないのだ。林業がおかれている状況や、森林組合の体力からして、それを続けるだけでも容易なことではない。国の財政的支援は絶対に欠かせないのである。

わが植えた山々

西ッ谷

平成十七年の夏、私は西ッ谷を訪れた。この本の「第二章 青春の西ッ谷」の舞台となったところである。昭和三十五年から四十年にかけて、流域面積一八三ヘクタールのうち約一五三ヘクタールに植林を行なった。

自分が住んでいる野中の里から背後の山を越える道は、五本松の少し下で雑木が妨げて登ることができない。かわりにべつの道が整備されていた。灰色の雑種犬、モコが先を駈ける。

これは五本松から北の斜面が昨年の春に植林されたからである。JT（日本たばこ産業）が近野振興会から約五〇ヘクタールを借りて植えたものだ。「企業の森」と称して、植樹祭には県知事も来た。企業側としては「京都議定書」の批准に関連して、CO_2の削減に貢献していることをアピールするねらいがあるという。また地元にとっても、木材が安くて、伐採しても跡地の植林にまで資金がまわらないので、企業の手に委ねたのである。「企業の森」はこれから増えるのではあるまいか。

ところで驚いたことに、五本松がばっさりと伐り倒されているではないか。四十数年の昔、とくに夏の暑い日にはかならず峠の松の木蔭で汗をぬぐったものである。五本にわかれた木の形状も珍しいものだった。「企業の森」の地拵えや植林をしたのは、都会から来ている「緑の雇用」の若者たちである。五本松への思い入れなどなにもなかったのだ。

峠を北へ越えると、道は広見川へ向かって斜めに下っている。まわりでは杉と檜の伐採跡に楓、桜、楢など広葉樹の苗木を植えている。これまでに杉と檜ばかりを植えて、植生のバランスを崩したという反省からである。

あたりからは広見川より分岐した延長二・五キロメートルほどの西ッ谷の全体が見える。私たちが植林をしたころには、雑木はほとんど伐り払って、山は裸だったものが、いまではいちめん重厚な緑におおわれている。

広見川に私たちが架けた吊橋は、ワイヤーロープ一本だけが辛うじて残っている。モコは急流をおそれて岸辺でうろうろしていたが、私が渡りはじめると、後から水しぶきをあげて飛び込んだ。

そこから分岐して西ッ谷へ入るのだが、道は雑木雑草におおわれている。それらを鎌で刈り払いながら進んだ。大きな落石も転がっている。険しい岩場に架けていた丸太の橋などももちろんなくなっており、登ったり下ったりして迂回せねばならない。もう長いあいだ人が通った形跡もないのだった。

やがて植林地へと入っていった。谷川の近くで土が肥えているところだから、ほとんど杉が植えられている。ずいぶん太い木もあるが、だいたいは細くて徒長している。枯れた木もある。要するに手入れをした形跡がないのだ。

杉や檜は苗木を植えた後、五年ほどは下草を毎年刈らねばならない。生育するにつれて下草はおとろえるが、それ以後も数年に一度は、除伐として雑木や蔓や茨を刈り払うのである。除伐は二十年ほど前に一度だけやったと聞いたが、それ以後はなにもしていないようだ。

さらに良材を育てるのに欠かせないのは間伐である。西ッ谷では一ヘクタール当たり苗木三五〇〇本を植えたが、生育するにつれて曲ったり出遅れたものを間引いて、五十年後の伐期には一〇〇〇〜一五〇〇本とするのが常識なのである。その間伐は一度もやった跡が見られない。もちろん枝打ちなどやっておらず、薄暗い中に枯れたままの枝がついている。遠くからだと濃い緑の渓谷だが、枯枝だらけの砂漠のような世界なのだ。

第二章に書いているが、西ッ谷は官行造林の分口山である。土地の持主は私も会員である地元の社団法人・近野振興会で、営林署へ貸与して造林をしてもらっている。五十年の年期がくると、木材を売却して、売上げを双方で折半するという契約だ。

振興会では個人相手にも多くの分口山があり、期限がきたものは伐採している。一件毎の面積はとるに足らないが、一ヘクタール当たり一〇〇万～一五〇〇万円の実収がある。ただし手入れ不足で商品価値のない山林は買手がつかない。

西ッ谷でも初年度の三十五年植栽分は、あと五年で契約期限となる。面積が広いだけに、振興会としては大いに期待できるはずだ。だがこのような状態で、どの程度の商品価値があるものか、私は疑問をおぼえずにはいられない。

もっと手入れをしてくれるようにと、振興会の理事たちが田辺営林署へ陳情にいったこともあるという。だが予算がつかないなどと、のらりくらりの返事しかもらえなかった。そもそも国有林の経営はとうに破綻し、膨大な赤字を解消するために人員削減や土地の売却なども行なわれてきた。大きな機構整理もあり、田辺営林署はその名も森林管理署になった。つまり林業経営から、たんなる森林の管理に方向転換をしたのである。

おそらく管理署の役人たちは、もう何十年も西ッ谷へは入っていないのではあるまいか。帳面のうえで管理をしているにすぎないのだ。そのような官行造林は西ッ谷だけでなく、全国の民有林において膨大な面積にのぼるのである。

山道の刈払いに時間をとられて、私は山小屋まで行くことはできなかった。田辺営林署が国の費用で建設し、私たちが数年間暮らした大きな山小屋は、最近になって倒壊したと聞いたが、せめて残骸でも見たいものだった。

ついでに近野振興会の現況についても書いておきたい。西ッ谷や果無山脈で造林を行なっていた時代に比較すると、事業はほとんど行なわれなくなり、年間の予算もはるかに小規模になった。

振興会は広い森林を所有し、そこからの収益だけが頼りなのに、木材の価格が低迷しているからである。たとえば杉丸太一立方メートルの市場での平均価格は昭和三十六年九〇八一円、五十五年には二万二七〇七円と最高を記録したが、その後は下降するばかりで、平成十五年はわずかに四八〇一円にすぎない（『林業白書』）。

婦人会や青年団など各種団体への助成金、高校進学者の奨学金貸付、老齢年金、医療費の肩替わりなど、地域福祉事業すべてが打ち切られた。専務理事や、専従職員をなくしてからすでに久しい。いまでは直営林の管理など最低限必要な仕事だけを細々と続けているのである。

ところで平成十五年にはちょっとした騒ぎがおきた。所有林の一部約四〇ヘクタールを大阪府内の産業廃棄物処理業者に売却すると、理事会が決めたからである。振興会は事業をさかんにやっていた時代から、系列の金融機関の農林中央金庫から資金を借りていた。その延滞利息をふくむ約一億七〇〇〇万円の返還期限がせまっていたのである。産廃業者へ売ればすぐにも支払うことができる。期限をまぢかにして理事会の案件が会員の総会にかけられることになった。

産廃処分場については、各地で悪質な業者が環境汚染などのトラブルをひき起こしていることがしばしば報じられていた。そのような問題をこの地域にもち込ませてはならない、と会員のなかから反対運動がもり上ってきた。「熊野古道に産業廃棄物処理場をつくらせない会」が結成され、たまたま私が「会」の代表をさせられた。

「会」では何度か集会を開き、手分けをして反対請願の署名活動も行なった。請願書は振興会のほか中辺路町（現・田辺市）や、和歌山県知事宛にも提出した。

それに呼応して、中辺路町からはその山林を一億円で買収したいと振興会に申し入れてきた。ちょうど熊野古道がユネスコの世界文化遺産登録の候補地になっていたときのことで、その近くに産廃処分場ができて印象が悪くなることを、行政はおそれたのだった。

五月に開催された総会は、例年になく出席者が多く、熱気につつまれた。そこで山林は町へ売却することが圧倒的多数で議決されて、産廃処分場の建設を阻止したのである。

農林中央金庫からの借入金は一億円を返済することにより、延滞利息分は帳消しにされた。なお、この金融機関からは関係する団体や個人が多額の借入金をして、返済に苦慮している。そこに実体の知れない業者から眼をつけられたという一つの事例なのである。

地元の社団法人・近野振興会と近野森林組合が、果無山脈の一部分の山林（奈良県十津《とつ》川《かわ》村上湯川《かみゆのかわ》）を買収して大規模な植林を行なったのは、昭和四十一年から四十七年にかけてのことである。総面積は六五三ヘクタールと広く、山小屋は南側のナメラ谷（日置川流域）に一軒、北側では大石谷と桑木谷（ともに熊野川流域）にまたがる稜線にも一軒と二カ所にあった。

どちらの山小屋も南のナメラ谷近くに車を置いて、そこからは歩かねばならなかった。北側の山小屋までは、果無山脈のピークの冷水山《ひやみず》（一二六一メートル）を越えて、二時間近くもかかった。

ところが昭和六十年には龍神村と本宮町をつなぐ広域林道が建設された。林道は山脈の尾根近く、ナメラ谷の上を横断して、舗装もされている。かつては外部の人間は寄りつくことのなかった深山幽谷が、手軽なドライブコースに変わったのだ。

平成八年の五月、私は南側のナメラ谷へ入ってみた。

谷の入口の橋のたもとに車を置いて、山の中腹の山小屋までは一時間ほども歩かねばならない。その道は雑木雑草に埋もれており、やはり長いあいだ人が通っていない様子が見てとれた。

私は柄の長い下刈鎌で刈り払いながら進み、雌の黒犬のクロムウェルが前後してついて来る。梅雨空のもと、湿っぽい谷沿いにヤマアジサイの花の紫がみずみずしい。渓谷の周辺では両岸が険しいために植林ができず、残された天然林は二十余年のあいだにひとまわり大きくなり、空をふさいで暗い。その梢にウグイスやホトトギスが囀っている。茂みを押し分けて進み、あるところでは橋がなくなっているために、地下足袋を濡らして谷川を渡らねばならない。

やがて山道は斜めに登っている。道のまわりは杉の植林地である。ああ、やっぱり、と私はここでも眉をひそめずにはいられない。樹齢三十年生前後の杉の背丈は十数メートルもあるのだが、やはり間伐をしておらず、どの木も細いままで徒長してひしめいているのだ。半分ぐらいは間引いてやらんとなあ、と私はなさけない木の姿に思わず吐息をつき、木に巻いた藤の蔓を切りながら登るのである。

もっとひどい場面が眼にとまった。雑木が大きくなり、杉や檜はその下にすくんで生育できないでいるのだ。つまり私たちがナメラ谷から去った後は、除伐などの手入れをまったくしていないのである。

ところが稜線を一つ曲った向こうでは、除伐も間伐もしているではないか。あとで聞いてみると、その範囲約三〇ヘクタールの所有者は、七、八年前に作業員を入れたのだという。あたりの杉はすでに柱材がとれるほどに太い。昭和四十七年、果無山脈の南北にまたがる山林を取得した私鉄会社はほどなく転売したが、そのとき南山三〇五ヘクタール（うち植林は一七七ヘクタールで、ほかは天然林）は、分割して何人かの所有になった。おおかたは山ころがしの儲けをもくろんで買ったのだが、なかにはまともに管理をする者もいたことがわかった。

しかし大部分は育林の情熱や経験もない者が所有していることは、山林を見ればわかる。どうにか手入れをしているのは全体の二、三割程度である。ほかでは雑木が植林を圧倒しており、二、三十年のあいだにまた天然林の姿になるにちがいない。そこでは植林にかけた費用も手間も無駄だったのである。

私は小屋に向けてさらに稜線を登る。そこはまた所有者が違って、手入れをしない荒れ山である。枝の枯れた暗い林の中で、ふいにクロムウェルが吠え立てる。つぎの瞬間、数メートル先を黒い獣が素早く走り去った。若くてよく肥えた猪である。だが、私は現場から引退するとともに、狩猟もしなくなった。人間がめったに入らないことで、野生動物たちの楽園になっているのではないかと思う。

ようやく山小屋にたどり着いた。「終章 果無山脈ふたたび」にも書いたところである。あれからもまた十八年の歳月が流れた。プレハブ造りの山小屋は杉の林に四方を囲まれ、埋もれるようなかたちだが、骨組みと屋根だけは残っている。斜面から崩れた土砂が入口付近に積もり、土間には破れた壁や窓ガラスが散らばっている。だが錆びた五右衛門釜の風呂があり、粗末な食卓や椅子もあり、そこにカーバイトランプも置かれて、いますぐに焼酎が飲みたくなるような雰囲気だ。

濃い緑の山あいに霧が動いている。小屋のそばの栃の大木では若葉が風にひるがえり、谷川のせせらぎの音とともに、カジカの妙なる歌声も聞こえる。おお、おまえよく帰ってきたのう、と果無山の森羅万象が私を抱きしめてくれるのである。

北側の山小屋へは、平成十七年八月に出かけた。尾根筋に林をなすゴヨウツツジの曲りくねった老木の姿かたちも昔のままであった。

大石谷と桑木谷にまたがる一帯三四八ヘクタール（うち植林は二五六ヘクタール）は、私鉄会社から木材会社をへて、さらに金融会社へと一括して転売されたという。だが転売する過程でも下草刈りや補植を行ない、平成三年ごろまでは山小屋も使われていた。

その小屋へ下る道に沿って、錆びたワイヤーロープが這っていた。われわれが食料品や苗木を運び上げた架線の残骸である。電話線も切れてぶらさがっている。三棟あった山小屋のうち、二棟は倒壊して壁やトタン屋根が積み重なっている。下のプレハブ住宅だけが残っており、窓から覗いてみると、蒲団や着替えが埃とともに散らばっていた。

小屋の近くの一本の杉はひときわ抜きん出て大きくなっていた。旧暦霜月（十一月）七日の山祀りの朝、山の神の宿る木と想定して供物を捧げ、柏手を打ってお参りをしたところである。おもえば山の神を敬虔にうやまい、盛大に祀った時代には、林業にも活気がみなぎっていた。そこで働く人々も本当の意味で山びとだったのではあるまいか。だが山小屋が捨てられるとともに、いまでは山の神も忘れられた。

この山小屋からは、夜になると遠い谷間にかすかな明りが見えたものである。十津川村上湯川の人家だが、ふだんの交渉はなく、どんな人々が住んでいるかも私は知らなかった。

ところで『山びとの記』を出版すると、奈良県内で中学教師をしているというBさんが便りをくれた。Bさんは小学生のころに上湯川に住んで、夜毎に冷水山の頂上付近を見上げ、どうしてあんな高いところに明りがあるのか不思議に思ったが、本を読んでよくわかった、と書いてあった。

だが、小屋の周囲の植林が大きくなって、上湯川の集落も見えなくなってしまった。

キリクチ谷

平成十七年九月、私はキリクチ谷(奈良県野迫川《のせがわ》村)にも出かけた。昭和四十八年から五十三年にかけて、私が四十歳前後のころに働いていたところである。常時一〇人ほどの仲間と山小屋で暮らしながら、五年間に全面積の半分に近い一二〇ヘクタールに杉と檜を植えた。

平成八年にもその後のことを知りたくて訪ねたことがあった。神野谷《このだに》の入口から細い作業道ができて、小屋の上まで車で入ることができた。かつて苗木や食料を吊り上げたワイヤーロープの架線も、捨てられて草に埋もれていた。

小屋では現場から帰ったばかりの男三人が、夕餉の支度を始めたところだった。いまではカシキ(炊事係)もおらず、炊事や掃除洗濯も自分たちでやっているのである。その一人のMさんは、キリクチ谷の事業を始めて三年目に入った人だが、私をはじめ仲間が去った後も、現場の責任者として働き続けていた。

昭和五十三年以降、植林はわずかしか進まなかった、とMさんは話した。人数が少なくなったことと、獣害に苦慮したためだという。苗木を鹿やカモシカが食い荒らす被害はますます多くなり、防護のネットを張ったりしたが効果はうすく、ついに新しく木を植えることは断念してしまった、と。

いまでは三人だけになって、雑木の除伐や、生育の悪い木を伐り捨てる間伐や、一部で枝打ちもしているとのことだ。

「まあ、木を見てやってくれよ、大きゅうなったぜよ」とMさんは笑顔で言った。私より四つほど年長のたしか六十一、二歳になるはずで、頭髪はすっかり白かった。

私は水道のパイプが通っている横道を歩いてみた。あたりは最初の年に植えた杉で、背丈は一〇メートルほどに育っており、道の近くだけに間伐が施されている。ここでは一ヘクタール当たりに苗木五〇〇〇本と、標準より多く植えた。そのぶん間伐を急がねばならないのだが、少ない人数で手が廻りきらないだろう。それでも育林への意欲を失わないN酒造と、いまの時代に不便な山小屋生活を続けている男たちへ、私は敬意を表したいと思った。

その平成八年から、さらに九年の歳月が流れた。里の人に聞いてみると、キリクチ谷の事業は二、三年前から中止になり、作業道も崩れて車は入らないという。私は神野谷と川原樋《かわらび》川の出合いに車を置いて、昔ながらに山道を登らねばならなかった。

道に沿って細い銅線が地に落ちているのは、かつて私たちが設置した電話線である。このあたりの所有者はN酒造ではないが、植林地はやはり除伐も間伐もしていない。山林は荒れて暗くて湿っぽく、こんなところを歩くのはほんとうに嫌だ、と私は思いながら登った。

やがて横道となる。あたりの木もすっかり大きくなって、空をふさいでいる。小枝を刈り払ったり、朽ちた倒木をくぐるなどして進んだ。

途中で山の崩壊地に出合って立ちどまってしまった。私がいたころも断崖だったところだが、さらに大きく崩れて、とても渡ることはできない。私はあきらめて手前で腰をおろした。

　向こうの山あいに栃の大木が聳え立ち、葉のあいだに茶色の小さな実が陽射しをうけて輝いている。さらに彼方にある山小屋は、建物は生育した樹木にまわりを囲まれてしまい、色あせた青いトタン屋根だけが見える。眼下に深く蛇行するのは川原樋川である。

　歳月は流れても、山や川の姿は変わらない。樹木が大きくなり、森が深くなっただけのことである。ここからは集落はどこにも見えず、人影もなく、人間社会から隔絶された大自然があるばかりだ。

　だが自然やそこで暮らす人間も、社会と深いかかわりをもたずにはいられない。キリクチ谷の造林を始めた四十八年にはいわゆる「石油ショック」があった、と私はそのころの状況に思いをはせた。

　第四次中東戦争の勃発を契機として、ＯＰＥＣ（石油輸出国機構）が原油価格の値上げとともに、生産削減と供給制限を行なった。わが国も影響をもろにうけて、ガソリンや灯油はもちろんのこと、石油を原料とする工業製品が供給不足に陥ったばかりか、便乗値上げが関係のない商品にも及んだ。

林業の現場でも状況は深刻で、さしあたって木材運搬用のトラックや、架線の燃料の確保に頭を悩ませたものだ。

遠くふり返って、私の幼年時代には長い大きな戦争があり、少年時代は敗戦後の混乱と困窮、さらには戦災からの復興のなかで過ごした。

二十歳代の青年時代になると、まず日本と米国の同盟をめぐる「安保闘争」があり、私も西ッ谷の山小屋から出かけて、反対集会に参加した。その後にわが国は経済の高度成長へとつき進んでいった。

果無山脈の山小屋にいたのは、自由主義経済が成熟して、やがて停滞しはじめた時代であった。四十五年には大阪で万国博覧会があり、われわれ森林組合の青年作業班も、貸切バスで出かけたものである。同じ年の赤軍派学生による浅間山荘たてこもりや日航機ハイジャック事件などのニュースは、山小屋の自家発電機によるテレビで見ることができた。そして四十七年七月には「日本列島改造論」をひっさげて、田中角栄内閣が経済成長の最後の旗手として登場した。

土地価格の高騰に煽られて、山林もさかんに売買されるようになった。利益だけが目当てのキャッチボールがくり返されて、値段もまたたくまに途方もなく吊り上っていった。

実質をともなわない異常な土地ブームの果てに石油ショックによる不況がおとずれる。それは高度経済成長の終焉でもあった。山村では木材が売れなくなり、失業者がふえて、賃金の上昇もとまった。まして虚構でしかなかった山林価格の暴落は当然のことだった。

石油ショックはまもなくおさまったものの、以後の日本経済は低成長期へと移行する。都会の中小企業で失業して帰郷した者をキリクチ谷の現場で雇ったこともあった。

ところが、およそ十年後の昭和六十年代にはいわゆる「バブル経済」の時代が到来する。円高による好景気を背景にして、株や債券や土地などの資産価値が高騰するのである。経済の実力とかけ離れた、文字通り泡のような膨張ぶりであった。平成四年には大都市圏の地価が大きく下落して、見事にはじけて飛んでしまった。

ふり返って、高度成長時代の山林の高騰もまさにバブルに踊らされた現象であった。それに比べて平成のバブル経済は、林業へは波及せず、山林や木材の値段も上昇することはなかった。状況があまりにも冷えこんでいたためだろうか。

ところで、キリクチ谷の新規の植林が縮小し、やがて中止にいたったのも、大きな時代の流れの反映なのである。

ふり返って、戦後のおよそ半世紀は、わが国の歴史上かつてなかったような、大植林時代であった。

昔のことはあまり確かな数字は残っていないのだが、植林は明治時代の後半あたりから盛んになり、大正をへて昭和の戦前までは、全国を合計して毎年一〇万ヘクタール強を行なってきたと推測される。

ところが、昭和二十五年は一挙に二五万ヘクタールが植林された（『林業統計』農林統計協会）。戦後のいわゆる国土緑化運動の時代となり、天皇が地方を訪れてお手植をされる全国植樹祭がはじめて山梨県で開催されたのが二十五年四月、同じ年に緑の羽根募金も始められる。翌二十六年の植林面積は三〇万台に達し、以後四十六年までは平均約三五万ヘクタールと、ほぼ奈良県に匹敵する面積が毎年植えられたのである。またこのあいだに植林した面積は合計七二七万ヘクタールと、現在わが国がもつ全人工林の約七割を超えている。

ところが、果無の植林が完了して売却した四十七年は二九万ヘクタールと、はじめて下降に転じた。その理由は西日本などで広い面積の適地をほぼ植え尽したことが一つ、いま一つは、山林や木材の価格の低迷である。経済成長による好景気を謳歌していた関係者は、大きな挫折を味わい、植林への意欲をそがれていった。以後は急速に減り続けて、私がキリクチ谷から去った五十三年一七万六〇〇〇ヘクタール、平成二年七万ヘクタール、十五年二万八〇〇〇ヘクタールにまで減少したのである。

おもえば私はわが国の未曾有の大植林時代を山小屋で暮らしたのである。仕事は仲間たちとの共同だったが、自分一人分の作業に勘定すると、二十年間でおよそ一二〇ヘクタールに四五万本を植えてきた。まさに大植林時代の申し子であった。

さて、私は途中からひき返し、こんどはキリクチ谷の全体が見えるところへと車を走らせた。

林道は川原樋川の左岸の山の中腹を巻いている。道端には雑草が生い茂り、オトコエシやイタドリの白い花や、紫色のツユクサが咲いている。険しくて深い渓谷をへだてて、対岸の遠い丘の上には、私たちの山小屋も小さく見えた。

キリクチ谷のほぼ東の半分が見える場所で私は車からおりた。流域全体を谷川で二分して、東側約二五〇ヘクタールがN酒造の所有なのである。林道の下はえぐられたような断崖絶壁で、そこに対岸の緑の森からあらわれたキリクチ谷が、白く渦立ちながら川原樋川に合流している。その水の音も聞こえる。谷底近くまで杉や檜の若木が林をなしているのも、われわれが植えたものである。

谷の奥へかけて森は斜面をなし、ついには空を画する高さの山になっている。N酒造所有の山は、植林と自然林が、ちょうど真ン中あたりでたてに線を引いたように区分して見えた。植林のほとんどは私がいるあいだに植えたものである。その後の植林は少なくてせいぜい一〇ヘクタールほどではあるまいか。木もまだ小さいようだ。

樹木の一つ一つの姿は遠くて見分けがつかない。しかし落葉広葉樹がほとんどの天然林では、全体として紅葉がはじまっているのと対照的に、針葉の杉や檜の植林は、初秋の季節のいまも黒っぽい緑の林をなしている。真ン中の稜線を境として、東と西の森がべつべつの衣装を身につけているかのようである。その上に太陽が照ったり翳ったりした。

森のもつ奥深い息吹きが伝わってくる。それを私は全身全霊で受けとめ、懐しい山や渓谷の姿と、年月とともに変わりゆくかたちを、眼に灼きつけながら佇むのだった。

野中（和歌山県中辺路町）の里。向こうが西ン谷

初版あとがき

本書の書きおろしを始めようとしたとき、その内容に関して、私の心のなかに躊躇する部分はほとんどなかった。それは、自分の身辺についてふだんひとに語るということが少なく、長い歳月にわたって堆積したものが、ほとばしり出る機会を待ちうけていたからであろう。構成についても、ほぼ年代を追ってゆくというかたちで、すんなりと決めることができた。それにはまず生活の節目をおさえてかかればよかった。

生活の節目という点に目をとめると、都会人にくらべて、われわれの場合、より明瞭に際立っているといえよう。私は日記を半月ばかりもほうっておいて、一度に書くようなことをしばしばやるが、その記憶を引き出す方法として、日々の弁当を食った場所をまず思い出すことにしている。それはだいたい毎日移動しており、したがって周囲の景色も異なり、そこから天候、仲間の顔ぶれ、労働の具体的な内容なども、おのずと脳裡に甦ってくるというわけである。さらに、うつり変わる季節と生活のかかわり合い、一つの山からべつの新たな山への移住などが、大きな節目となって今日の私を形成してきたといえるだろう。

しかしそのような経験をただ語るだけでは十分ではなく、自分のおかれている社会的または歴史的位置をも、見定めておく必要があると思われた。あるいは書いていく過程で確認せねばならなかった。

大きな視点から見るとき、この国の林業と、そこに生きる人びとの生活が、かつてなかったような転換期におかれていることは、誰もが指摘するところである。急激な産業の近代化によって、山における多様な生業のあり方が一変したばかりでなく、そこから人びとの姿が消えてしまうのではないかという危惧さえ感じられる。さらに広範囲にわたる人工造林が、森林の樹種の構成や生態系をもいちじるしく変えようとしている。何千年も続いてきた歴史のそのような崖っぷちで、いわば山びとの最後の走者としての位置に、いま自分はおかれているのだと思う。

かつて山の人びとは、文字を用いてみずからを語るという習慣をほとんどもたなかった。しかし本書は、教養人が山中に入って記したものではなく、もとよりそこに生まれ育った者が、たまたま文章というものを習いおぼえたことによる所産である。それは一面われわれの教育水準の向上を意味するかも知れないが、時すでに従来の山の生活が、独自な風俗や文化や技術をも含めて、滅び去ろうとしているのは皮肉ともいえよう。

しかし、だからこそ稚拙な文章をもってしてもいま書かねばならないのだ、と私は思う。山や谷や森林を、植物や動物を、幾百千年にもわたって営まれてきたであろう、それら自然と人間との深いかかわり合いを、語りあかしたい衝動をおぼえずにはいられない。とはいえ、ここに書かれた内容は、一個人の経験と見聞による、ほんのささやかな報告にとどまる。私の思いこみや勉強不足による間違いも指摘されることだろう。読者のかたがたの率直な教えを請うしだいである。

文章を書くという、二十年来の私の営為も、山小屋の薄暗い電灯や、ランプやローソクの明りの下で、粗末な木箱や食卓を机がわりとして続けられてきた。それも日々の労働や、飲酒への節度のないのめりこみによって、しばしば途切れがちであった。だが今日までともかくそのような習慣を維持してこられたのは『VIKING』という、自分の肌に合った文学集団に加わっていたおかげである。

さらにその『ＶＩＫＩＮＧ』の先輩である福田紀一氏の熱心な推薦によって、この本を書く機会をもつことができ、また中央公論社の宮一穂氏から終始ゆきとどいた配慮と助言をいただいた。両氏に対し、心からお礼を申しあげたい。謝辞は、扉絵をお願いした恩師浜田龍夫先生にもおよばねばならない。この地をよく知る先生御夫婦に、果無山麓のナメラ谷に足を運んでいただいたことなども、私の楽しい思い出となっている。また本書の成立に直接間接の助力をくださったかたがた、参考にさせていただいた本の著者のみなさんに、深甚の謝意を表します。

一九八〇年五月

宇江敏勝

増補新版へのあとがき

本書『山びとの記』の初版が中央公論社より新書として出たのは、昭和五十五年、私が四十二歳のことだった。そのために山仕事を中断し、妻の住む神戸市内の団地で、二カ月かかって書き上げた。

新書は版を重ね、私の名も多少は知られて、原稿の注文や出版の話も次つぎと持ち込まれるようになった。それまでは小説家になるつもりだったから、おもいがけないかたちの門出であった。

それにしても、森の奥で暮らし、林業の現場で働いている人間が、身のまわりの状況を自らの手で著述するというのは、わが国ではほかに例がないことだった。それを小説ではなく、記録やエッセイのかたちで書くというのは、たぶん正しいのではないか、とも考えるようになった。

中公新書の内容は、二十六年前の昭和五十四年までの記述である。それから今日までの移り変わりを知ってもらうために「増補 新しい世紀の森へ」の章を書き加えた。書きながら、山村や林業をとりまく状況が、いっそう厳しくなっていることに、気を重くした。

しかし、個人としては、山里に住んでいるがゆえの充実感や、さまざまな楽しみがある。なによりも私もわずかだが山林を所有しており、杉や檜の苗木を植えて、机の仕事の合間に手入れの汗を流してきた。

そして平成四年、すっかり大きくなった林の一部分を自分で伐採し、運び出して、家を新築した。もちろん製材や大工の仕事は職人に頼んでのことである。自分が植えて育てた木の家に住む、というのは、山びとにとって最高の収穫であり、自慢をしてもよいのではないかと思う。それに田舎のことだから、家のまわりには花や野菜を育てるには十分な広さの土地もある。

杉や檜を伐採した跡地には、しばらくたって広葉樹を植えた。まわりの山々があまりにも杉や檜の人工林一色になったのが、おもしろくないからである。わずかな土地でも、熊野地方本来の多彩な森を甦らせたい。それを植物園と呼ぶことにした。植物園には親しい友人や知人などもさまざまな種類の苗木を植えてくれる。たとえば自分を最初に中央公論社に紹介してもらった『VIKING』の福田紀一氏はイロハカエデ、編集者の宮一穂氏はウバメガシ、新宿書房社主の村山恒夫氏はモクレン、編集者の室野井洋子氏はコシアブラ、というふうにである。どの木も元気で、おおかた人の背丈ほどに生長した。

さらに地域全体としても慶賀すべき出来事があった。平成十六年七月、「紀伊半島の霊場と参詣道」がユネスコの世界文化遺産として登録されたのである。僻地や過疎や、文化果つるところ、などといわれてきたのが、じつは文化財のど真ン中で暮らしていたのだ。この地に住み続けてきた者に対して、大きな褒美をくれたのだ、とも私は思う。

もう一つ、こちらの善し悪しは即断できないが、市町村合併の大きな流れに、わが町も抗しきれなかったことをつけ加えねばなるまい。本書の主な舞台となった和歌山県中辺路町をはじめ本宮町、龍神村、大塔村は田辺市に吸収されるかたちで統合され、熊野川町は新宮市となった。奈良県十津川村と野迫川村はそのままである。

しかし中公新書のなかでの旧町村名は、その時点の呼称として、手を加えないことにした。

最後に扉絵について、恩師の浜田龍夫先生の原画が、二十数年の歳月をへていまも私の手許にあった。先生は他界されて久しいが、御子息、浜田斉太氏の快諾を得て使わせていただいた。
あわせてお世話になった方々へあつくお礼を申し上げます。

二〇〇五年十月

宇江敏勝

『山びとの記』四〇年
——解説に代えて

宮　一穂

「八〇歳になりましたよ」と電話の声はいう。それは分かっている。こちらも七〇歳を越えた。宇江さんと初めて会ったのが一九七九（昭和五十四）年。古い手帳を操ると、日付は六月一二日、場所は大阪。その二年前に作った中公新書『おやじの国史とむすこの日本史』の著者、『VIKING』同人、福田紀一さんの同席、紹介のもとだった。自分の半生を書いてもらえないか、それは同時に戦後の林業史になるはずだ、という若僧の依頼だった。「やってみます」。そのとき宇江さん四一歳、こちらは九歳下。

ふだん、引き受けてもぐずぐずしてなかなかとりかからない学者先生相手が多いので、これもだいぶかかるだろうなと思っていた。ところが、宇江さんはちがった。『山びとの記』冒頭の二行「昭和五十四年七月、よく晴れて朝の太陽の降りそそぐ下を、私は熊野川の方面に向かって、車を走らせていた。かたわらには母親を乗せている」。自分が幼いころ過ごした熊野川町四滝《したき》の炭焼きの掘立小屋にその車は向かう。遠い記憶の原点を確認すべく、さっそく宇江さんは行動を開始したのだった。そのことに気づいたのは、うかつにも本になってあらためて読み返してからのことだった。

本が全国の書店に並んだのが一九八〇（昭和五十五）年六月二五日。その一週間ほどまえに出来上がった見本をいちはやく著書に送る。六月二一日付の宇江さんからの手紙がある。「『山びとの記』二百部、昨日届きました。大阪で宮さんとはじめてお会いしてより、一年と一〇日ほど経過しているかと思います。はじめは自分の本を出してもらえるなど、半信半疑でいましたが、いまこうしてその本を手にすることができましたのは……」。ほとんど正確に「一年と一〇日ほど」である。

「正確」ついでに言うと、原稿を手にしたのは一九八〇年一月一八日。雪のため新幹線が遅れて、紀伊田辺の旅館に着いた時には、宇江さんをだいぶ待たせてしまっていた。「お疲れでしょう。明朝また来ますから」と言って、脱稿祝いの一杯もそこそこに宇江さんは野中（当時、西牟婁郡中辺路町野中）に帰って行った。部屋に残されたのは、鉛筆書き二〇〇字詰原稿用紙五五〇枚。読みだした。ありきたりだが読みだすまえは期待と不安が交錯する。先に引いた冒頭二行のあと、幼いころの炭焼き小屋、母のこと父のこと、転々と移り暮らす山中のことが坦々とつづく。原稿用紙一〇〇枚目ぐらいまできて、著者が町の高校を卒業したあたりにさしかかった。「町から帰ると、さっそく私は西ヶ谷へ向かった。昭和三十二年、季節は初夏であった。谷峡の道を奥へ辿ってゆくと、淵の澱みの底まで陽光が映え、山のあちこちには木の花が白く盛り上っていた。青葉吹く風を胸一杯に呼吸して、懐かしさに私の心は弾み、帰るべきところへ帰ってきたという思いがした」。もう不安はどこかに飛んで行っていた。この稿の最初の読者であることが嬉しかった。ことによると自分も胸一杯に呼吸して、そのあとを終わりまで読みつづけていたのかもしれない。

本のタイトル『山びとの記』はしぜんに浮かんできたものである。編集部のタイトル会議では、評判がいま一つだった。単行本ならまだしも、中公新書の本の題としてはいかがなものか、というのが大勢だった。「ほかには考えつきません」と片意地を張り、副題に「木の国　果無山脈」とつけるからといって、なんとか見逃してもらった。いつもは難渋する本の帯の文句、表九字三行、裏一一字一八行もあんがいすらすら書けた。表「木とともに山々を遍歴する半生、山中に刻まれる戦後の歳月」、裏の最後の四行「長い山のなりわいの歴史が幕を閉じようとしている時に生れ出た、貴重な山の自叙伝である」。いま書いても、やはり同じように書くだろう。

その後、何度か熊野に行くことがあった。宇江さんがいるからである。「来てもらった記念に木を植えましょう」といって、同行者二人のもあわせて三本の植樹をしてもらったのが二〇〇二年四月。植えたのはウバメガシ。その四年後、京都の私大で教師をすることになったとき、いつも通る北山通りの府立植物園の生け垣がウバメガシで、そのたびに中辺路野中のウバメガシの成長ぶりを思い描いた。

二〇〇七年三月、また宇江さん宅に寄った。なにをおもったか宇江さん、色紙を出して、何か書いて下さい。とっさに書いたのは、「六〇歳、七〇歳に会いに来る」。ふたりともなりたてだった。そしてこの前の電話「八〇歳になりましたよ」、これもなりたて。『山びとの記』からまもなく四〇年になろうとしている。「半生を書いてもらえないか」で始まった二人だが、この四〇年は残り半分の四〇年だった。それはないだろうが、この次、「八〇歳、九〇歳に会いに来た。しかも自転車で」と書けたらおもしろいのだが。

（みや・かずほ／元中央公論社編集者）

＊宇江敏勝著『呪い釘』（民俗伝奇小説集／新宿書房二〇一八年）の「月報」から再録しました

宇江敏勝（うえ・としかつ）

一九三七年、三重県尾鷲市に生まれる。和歌山県立熊野高校を卒業後、紀伊半島の山中で林業に従事するかたわら、文学を学ぶ。作家、林業、熊野古道語り部。

著書

『山びとの記』（一九八〇年・中央公論社）、『山に棲むなり』（一九八三年・新宿書房）、『山びとの動物誌』（一九八三年・福音館書店）、『昭和林業私史』（一九八八年・農山漁村文化協会）、『木の国紀聞』（一九八九年・新宿書房）、『熊野草紙』（一九九〇年・草思社）、『森のめぐみ』（一九九四年・岩波書店）、『熊野修験の森』（一九九九年・岩波書店）、『森の語り部』（二〇〇〇年・新宿書房）、『熊野古道を歩く』（監修、二〇〇〇年・山と溪谷社）、『世界遺産　熊野古道』（二〇〇四年・新宿書房）、『宇江敏勝の本』全12巻（『森をゆく旅』『炭焼日記』『山びとの動物誌』『山に棲むなり』『樹木と生きる』『若葉は萌えて』『熊野修験の森』『山びとの記』『森のめぐみ』『熊野川』『森とわたしの歳月』『山河微笑』・新宿書房）、民俗伝奇小説集全10巻（『山人伝』『幽鬼伝』『鹿笛』『鬼の哭く山』『黄金色の夜』『流れ施餓鬼』『熊野木遣節』『呪い釘』『牛鬼の滝』『狸の腹鼓』・新宿書房）。

山びとの記　木の国 果無山脈

二〇二一年一〇月一日　初版第一刷発行

著　者　宇江敏勝
発行人　川崎深雪
発行所　株式会社　山と溪谷社
郵便番号　一〇一―〇〇五一
東京都千代田区神田神保町一丁目一〇五番地
https://www.yamakei.co.jp/

■乱丁・落丁のお問合せ先
山と溪谷社自動応答サービス　電話〇三―六八三七―五〇一八
受付時間／十時～十二時、十三時～十七時三十分（土日、祝日を除く）
■内容に関するお問合せ先
山と溪谷社　電話〇三―六七四四―一九〇〇（代表）
■書店・取次様からのご注文先
山と溪谷社受注センター　電話〇四八―四五八―三四五五
ファクス〇四八―四二一―〇五一三
■書店・取次様からのご注文以外のお問合せ先
eigyo@yamakei.co.jp

フォーマット・デザイン 岡本一宣デザイン事務所
印刷・製本　株式会社　暁印刷

Printed in Japan ISBN 978-4-635-04921-4